Mathematik im Kontext

Reihe herausgegeben von

David E. Rowe, Mainz, Deutschland

Klaus Volkert, Bergische Universität Wuppertal, Deutschland

Die Buchreihe Mathematik im Kontext publiziert Werke, in denen mathematisch wichtige und wegweisende Ereignisse oder Perioden beschrieben werden. Neben einer Beschreibung der mathematischen Hintergründe wird dabei besonderer Wert auf die Darstellung der mit den Ereignissen verknüpften Personen gelegt sowie versucht, deren Handlungsmotive darzustellen. Die Bücher sollen Studierenden und Mathematikern sowie an Mathematik Interessierten einen tiefen Einblick in bedeutende Ereignisse der Geschichte der Mathematik geben.

David E. Rowe • Klaus Volkert

Jenseits von Flachland

Mathematische Grenzüberschreitungen
und ihre Auswirkungen

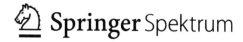 Springer Spektrum

David E. Rowe
Institut für Mathematik
Johannes Gutenberg-Universität Mainz
Mainz, Deutschland

Klaus Volkert
Fakultät für Mathematik
und Naturwissenschaften
Universität Wuppertal
Wuppertal, Deutschland

ISSN 2191-074X ISSN 2191-0758 (electronic)
Mathematik im Kontext
ISBN 978-3-662-66860-3 ISBN 978-3-662-66861-0 (eBook)
https://doi.org/10.1007/978-3-662-66861-0

Die Deutsche Nationalbibliothek verzeichnet diese Publikation in der Deutschen Nationalbibliografie; detaillierte bibliografische Daten sind im Internet über https://portal.dnb.de abrufbar.

Planung/Lektorat: Nikoo Azarm
Springer Spektrum ist ein Imprint der eingetragenen Gesellschaft Springer-Verlag GmbH, DE und ist ein Teil von Springer Nature.
Die Anschrift der Gesellschaft ist: Heidelberger Platz 3, 14197 Berlin, Germany

Das Papier dieses Produkts ist recyclebar.

Vorwort

Edwin A. Abbotts „Flachland" (1884) war in erster Linie eine Gesellschaftskritik. Aber die „Romanze in vielen Dimensionen" handelt auch von den Grenzen des Vorstellbaren, die vielleicht unüberwindlich scheinen, aber dennoch überwunden werden können. Paradigmatisch wird dies am Beispiel eines Flächenwesens, genannt „ein Quadrat", erläutert, das allmählich die Beschränkung auf das zweidimensionale Flachland hinter sich lässt. Die nachfolgenden beiden Essays behandeln Fragen im Umkreis dieser Problematik: den Übergang zu mehr als drei Dimensionen in der Geometrie nebst den Reaktionen hierauf, insbesondere der denkwürdige Zöllner-Skandal, sowie die zahlreichen Überlegungen in Literatur und Philosophie, ausgelöst vor allem durch das allgemeine Bekanntwerden der nichteuklidischen Geometrien.

Im ersten Essay „Im Reich der unbegrenzten Möglichkeiten – Die vierte Dimension in Mathematik, Kunst und Philosophie" von Klaus Volkert geht es um den Schritt in die vierte und in höhere Dimensionen, den die Mathematik in der zweiten Hälfte des 19. Jahrhunderts, also zu Lebzeiten Abbotts, wagte – analog dem Übergang von „Flachland" ins „Raumland" bei Abbott. Ein erster großer Erfolg der neuen Geometrie war, dass es um 1880 herum gelang, die Anzahl der regulären Polytope, also der Analoga der Platonischen Körper, im vierdimensionalen Raum zu bestimmen. Mit diesem überraschenden Ergebnis – es gibt deren bis auf Ähnlichkeit nämlich sechs – sicherte sich die neue Geometrie volles Bürgerrecht, wie Gauß das einmal genannt hatte. Der Nachweis war erbracht, dass sie in der Lage war, genuin geometrische Resultate zu beweisen, dass sie also mehr war als Algebra in geometrischer Einkleidung. Neben den mathematischen und philosophischen Fragen, die dieser Übergang ins unanschauliche Gebiet, insbesondere auf dem Hintergrund der Kantischen Philosophie, aufwarf, kommt die in der Mathematikgeschichte ganz ungewöhnliche Popularität des Konzepts der vierten Dimension ausführlich zur Sprache.

Hierzu verhalf ihm auch ein Skandal, der durch den Leipziger Physiker Karl Friedrich Zöllner um 1880 herum ausgelöst wurde. Dieser versuchte, spiritistische Séancen mit Hilfe der vierten Dimension – gewissermaßen wissenschaftlich – zu erklären: Allen voran das Verknoten oder Entknoten von geschlossenen Fäden, Seilen und dergleichen. Diese

Möglichkeit, Knoten in einem vierdimensionalen Raum aufzulösen, war eine verblüffende Entdeckung der Mathematiker, allen voran Felix Klein, in den 1870er Jahren. Im deutschsprachigen Raum setzte sofort eine breite Diskussion ein, die bis in die Tagespresse ging und sich in allgemeinen Nachschlagewerken niederschlug. Für die Mathematik stellte sich das Problem, wie sie sich gegen solchen Missbrauch zur Wehr setzen sollte. Die Rückkehr ins „Gedankenland", also die Idee, Mathematik sei eine reine Schöpfung des menschlichen Geistes fern aller Wirklichkeit, wurde zur Standardreaktion der Betroffenen. Damit bahnte sich eine Entwicklung an, die im 20. Jahrhundert als sogenannte moderne Mathematik bekannt werden sollte.

Erstaunlich früh tauchte in der Geschichte der höherdimensionalen Geometrie eine Frau auf: Alicia Boole Stott, die sich – entgegen der gängigen Meinung über weibliches Raumvorstellungsvermögen – u.a. durch ihr ausgeprägtes geometrisches Vorstellungsvermögen auszeichnete. Verbindungen ergeben sich hier zu ihrer bemerkenswerten Mutter, Mary Boole Everest, und zum Philosophen der vierten Dimension, Howard Hinton. Für letzteren wie für viele andere Autoren wurde die vierte Dimension eine Metapher für ungeahnte neue Möglichkeiten des Handelns und Denkens – für allgemeine Befreiung durch Aufbruch in und Erkenntnis von höheren Welten.

Das neue Konzept der vierten Dimension fand auch in den Künsten Beachtung, neben der bildenden Kunst, insbesondere dem Kubismus, ist hier natürlich die Literatur zu nennen. Gerade der letztere Aspekt, die Literatur, wird im zweiten Essay „Mathematiker als Schriftsteller und Dichter: Geometrie und Naturphilosophie, 1700-1900" von David Rowe behandelt. Hier geht es vor allem um die vielfältigen Auseinandersetzungen über den Raumbegriff und ab etwa 1870 die mögliche Relevanz der neulich aufgedeckten nichteuklidischen Geometrien. Die Faszination der vierdimensionalen Geometrien im Zeitalter von Abbotts *Flatland* erscheint aus dieser Perspektive als Teil eines breiteren Diskurses, wobei die Akzente innerhalb der britischen und deutschen Kulturkreise ganz verschieden gesetzt wurden. Indem wir Rückschau auf ältere Debatten nehmen, wie z.B. diejenige zwischen Newton (bzw. Clark) und Leibniz in Bezug auf absolute bzw. relative Raumkonzepte, wird deutlich, dass die im ersten Essay ausführlich beschriebene Zöllner-Episode sich durchaus in einen längerfristigen Entwicklungsprozess einordnet, währenddessen die alte Harmonie zwischen der euklidischen Geometrie und einem implizit Newtonschen oder Kantischen physikalischen Raumbegriff langsam zerfiel.

In seinen 1889-1890 gehaltenen Vorlesungen über nichteuklidische Geometrie beschrieb Felix Klein vier charakteristische Richtungen für deren Rezeption bei Mathematikern wie auch Philosophen. Er selbst hatte in seiner Erstlingsarbeit hierzu einen agnostischen Standpunkt eingenommen, wie er in einem Brief vom 4. Februar 1872 an Wilhelm Fiedler attestierte: „[...] als ich jetzt den Aufsatz schrieb, [schien mir] die Hauptaufgabe, die Sache möglichst klar und durchsichtig darzustellen, vom Einzelnen zum Allgemeinen aufzusteigen und alle nicht gerade mathematischen allgemeinen Betrachtungen über Räume von 4 Dimensionen etc. zu unterdrücken." Er nannte später folgende vier Gruppen als typisch für die Zeit um 1890: 1) Kantianer und Orthodoxe; 2) Skeptiker (vor allen Gymnasiallehrer); 3) Rezeptive (insbesondere jüngere Philosophen); 4) Enthusiasten (hier nannte er sowohl W. K. Clifford als auch K. F. Zöllner in einem Zuge, da beide Anhänger eines endlichen Riemannschen Universums waren).

Diese Gliederung passt wohl gut für die Einordnung der Stimmen innerhalb Deutschlands, aber sie übersieht ein wichtiges Phänomen, das zum Verständnis der englischen Mathematik erforderlich ist. Dies wird sofort klar, wenn man die Bedeutung der Universität Cambridge und die Rolle von zwei Autoren, Euklid und Newton, in ihrem Lehrplan berücksichtigt. Selbst der führende Cambridge Mathematiker Arthur Cayley, ein Kenner der Theorie Lobachevskis, hielt an dieser ehrwürdigen Tradition fest. Für ihn wie auch für die überwiegende Mehrheit der britischen Mathematiker war die nichteuklidische Geometrie eine Kuriosität ohne nennenswerte Bedeutung.

Es gab allerdings heftige Debatten über die klassische Geometrie in England, aber diese hatten beinahe nichts mit dem hierzu parallel laufenden Diskurs in Deutschland zu tun. Stellvertretend für das damalige konservative Lager steht im zweiten Essay der Oxford Mathematiker Charles Dodgson, den man besser unter seinem Pseudonym Lewis Carroll kennt, also als den Autor von *Alice im Wunderland* und *Alice im Spiegelland*. Viel weniger bekannt ist sein merkwürdiges Buch *Euclid and his Modern Rivals*, das er 1879 in Form eines Theaterstücks erscheinen ließ und das 1885 in einer zweiten Auflage gedruckt wurde. Trotz des Titels finden wir an keiner Stelle in Dodgsons Buch die leiseste Andeutung zur Existenz von Geometrien, die das Parallelenpostulat Euklids nicht erfüllen. Obwohl manchmal humorvoll geschrieben, merkt der Leser sehr schnell, dass dies kein unterhaltsames Buch sein soll. Denn für Dodgson ging es darum, scharfe Argumente gegen die Kritiker der *Elemente* zu formulieren, und zwar in der festen Überzeugung, dass es überhaupt kein geeigneteres

Lehrbuch für den Geometrieunterricht gebe. Erst gegen Ende des 19. Jahrhunderts gewann die Gegenseite in England die Oberhand, womit eine schon lange angestrebte Reform endlich zur Modernisierung der Mathematik in Cambridge führen konnte.

Natürlich gab es zuvor bereits Befürworter der neuen Geometrien in England, allen voran Clifford, aber viele andere Mathematiker betrachten die Ideen von Riemann und Helmholtz nur mit Skepsis. In der Zeit, als Abbotts *Flatland* erschien, nahmen einige Engländer die Debatte in Deutschland über die Geometrie des Raumes zur Kenntnis, aber eher aus der Distanz. Der Logiker Stanley Jevons meinte z.B., es handele sich dabei um die Fortsetzung eines alten Streits zwischen Anhängern von Kants idealistischer Raumlehre und einer anderen Gruppe von Philosophen, die einen empirischen Standpunkt vertraten. Als Vertreter der ersten Gruppe galt der Schriftsteller und Mathematiker Kurd Laßwitz, dessen Werke lange Zeit ziemlich in Vergessenheit gerieten – mit Ausnahme seines Science-Fiction-Romans *Auf zwei Planeten*. Als überzeugter Kantianer bekämpfte er nicht nur die Ansichten von Helmholtz, sondern auch jedwede Vorstellung eines real existierenden vierdimensionalen Raumes. Sein Humor war ein ganz anderer als der von Lewis Carroll, zumal Laßwitz seine Fantasiebilder gerne in Gestalt lustiger Gedichte verfasste und manchmal bei feierlichen Anlässen vorlas. Wir werden ihn jedoch auch von der ernsthaften Seite kennenlernen.

Man findet Stellen in den Schriften von Kurd Laßwitz, die einen unwillkürlich an *Flatland* erinnern, obwohl es zweifelhaft ist, dass er Abbotts Buch jemals in der Hand hielt. Schon im selben Jahr, als es erschien, schrieb er:

> [...] wenn wir bloß eine zweidimensionale Raumanschauung hätten, wenn wir alle Dinge nur auf eine Fläche wie in einem Gemälde projiciert wahrnähmen, nur als Schattenrisse oder Querprofile, so würde ja unsere dreidimensionale Welt uns nur in zwei Dimensionen erscheinen und zahllose Vorgänge in derselben würden uns unerklärt bleiben. Könnte denn nicht unsere Welt wirklich bloß die Projektion einer vierdimensionalen Welt sein? (Laßwitz 1883, 165)

Seine Antwort hierauf fiel klar und eindeutig aus: „Jeder Versuch, andere Räume vorzustellen, hebt die Bedingungen der Erfahrung selbst auf und wird dadurch zum Widersinn" (ebd.). Natürlich gibt es vielfältige Überschneidungen zwischen den beiden Essays, worauf an ausgewählten Stellen Verweise aufmerksam machen. Während im Essay von K. Volkert der Schwerpunkt auf dem deutschsprachigen Raum liegt, widmet derjenige von D.E. Rowe viel Aufmerksamkeit dem englischsprachigen Raum – vor allem in Hinblick auf die zentrale Rolle der *Elemente* Euklids im britischen Schulsystem, ein auffallendes Merkmal der viktorianischen Kultur.

Falls nicht anders angegeben, stammen die Übersetzungen fremdsprachlicher Texte von den Autoren der vorliegenden Essays. Die Autoren danken Herrn Robert Wengel für die aufwändige Erstellung des Manuskripts, Frau Mirjam Rabe für Hinweise zum Text und den Lektorinnen Frau Annika Denkert und Frau Nikoo Azarm des Springer-Verlags für ihre Unterstützung.

David E. Rowe
(Mainz)
Klaus Volkert
(Wuppertal/Luxemburg)

Inhaltsverzeichnis

Im Reich der unbegrenzten Möglichkeiten – Die vierte Dimension in
Mathematik, Kunst und Philosophie
Klaus Volkert

Mathematiker als Schriftsteller und Dichter: Geometrie und
Naturphilosophie, 1700–1900
David E. Rowe

Im Reich der unbegrenzten Möglichkeiten – Die vierte Dimension in Mathematik, Kunst und Philosophie
Klaus Volkert[1]

1. Flächenwesen und höhere Dimensionen

Abbotts Buch handelt, mathematisch gesehen, hauptsächlich von der Frage, wie zweidimensionale Wesen Dreidimensionales wahrnehmen und verstehen können. Es ist somit naheliegend, als erstes einen Blick auf die Geschichte der Raumgeometrie zu werfen, also jenes Teils der Geometrie, der sich mit den räumlichen Verhältnissen beschäftigt. Darin enthalten sind natürlich auch diejenigen der Ebene. In Blick auf Abbott ist zudem die vierdimensionale Geometrie von Interesse: Was für Flächenwesen die dritte Dimension, ist für Raumwesen die vierte – auf diese Analogie spielt ja auch das Quadrat an, ohne bei der Kugel auf Verständnis zu treffen.

In der Geschichte der Geometrie war die Raumgeometrie schon früh entwickelt, Euklids „Elemente" (etwa 280 v. u. Z.) behandeln sie ausführlich in den Büchern XI bis XIII. Hier lag keine Grenze für das mathematische Verständnis, wohl aber eine Dimension höher: Erst in der zweiten Hälfte des 19. Jhs. fand die Geometrie des vier- und mehrdimensionalen Raumes allgemeine Beachtung, diese stellte ganz analog zu „Flachland" das Problem, wie Mathematikerinnen und Mathematiker, also dreidimensionale Wesen, diese Welt verstehen können. Dabei meint „verstehen" mehr als „in der vierdimensionalen Koordinatengeometrie rechnen können", eher so etwas wie „sich anschaulich machen" oder „richtige geometrische Objekte konstruieren". Im Unterschied zu Abbott, der auf die allseits bekannte dritte Dimension zurückgreifen konnte (vgl. seinen Slogan „Nach oben, nicht nach vorne"), war die vierte Dimension gänzlich unbekannt, eine Begrifflichkeit stand zu ihrer Beschreibung nicht zur Verfügung, wie ja auch Abbott richtig bemerkt. Umso wichtiger waren Analogien und Möglichkeiten der zwei- oder dreidimensionalen Veranschaulichung.

Abbott war nicht der erste und nicht der einzige Autor, der sich der Idee von Flächenwesen bediente. Viel Aufmerksamkeit im deutschsprachigen Raum erregte vor allem Hermann Helmholtz mit

---

[1]Der nachfolgende Text beruht in Teilen auf dem Buch Volkert 2018. Die Schreibweisen in den Zitaten folgen den Originalen.

D. E. Rowe, K. Volkert, *Jenseits von Flachland*, Mathematik im Kontext, https://doi.org/10.1007/978-3-662-66861-0_1

seinem Versuch, die Vorstellungswelt von Flächenwesen als Stütze für seine empiristische Auffassung von Geometrie zu verwenden. Bevor wir uns der vierten Dimension zuwenden, folgen hier einige Hinweise zur Geschichte dieser fiktiven Wesen.

Eine der frühesten Erwähnungen der Flächenwesen findet sich in André Marie Ampère's (1775 – 1836) „Essai sur la philosophie des sciences" (Abhandlung über die Philosophie der Wissenschaften, 1834) in einem Abschnitt, der der Geometrie gewidmet ist:

> Reid hat gezeigt, dass der Mensch, wäre er auf das bloße Sehen reduziert, nur die oberflächliche Ausdehnung von zwei Dimensionen erkennen könnte. Er würde als gerade Linien dasjenige nehmen, was in Wirklichkeit Großkreisbögen auf einer Sphäre sind, deren Mittelpunkt in seinem Auge läge. Die Dreiecke, die er als geradlinige betrachtet, könnten zwei rechte oder sogar drei rechte oder stumpfe Winkel besitzen. Die Geometrie eines derartigen Menschen würde sich sehr von der unsrigen unterscheiden. So treffen sich beispielsweise zwei der Linien, die er gerade nennt, immer in zwei Punkten. Folglich wäre für ihn der Begriff der Parallelität widersprüchlich. (Ampère 1834, S. 67)[2]

Bei Ampère sind die Flächenwesen in ihrer Wahrnehmungsfähigkeit reduzierte Menschen, die auf einer Kugel leben – im Unterschied zu Abbotts Flächenwesen, die in einer Ebene existieren. Virtuelle Flächenwesen treten in G. Th. Fechners (1801 – 1887), Leipziger Naturforscher, Psychologe und Philosoph, satirischem Essay „Der Raum hat vier Dimensionen" (1846) auf, veröffentlicht unter seinem Pseudonym Dr. Mises. Bei Fechner dienen die Flächenwesen dazu, per Analogie einen Zugang zur vierten Dimension zu eröffnen.

> Man denke sich ein kleines buntes Männchen, das in der camera obscura auf dem Papiere herumläuft; da hat man ein Wesen, was in zwei Dimensionen existiert. Was hindert, ein

---

[2]Reid a montré que si l'homme était réduit au simple sens de la vue, ne pouvant dès lors connaître que l'étendue superficielle à deux dimensions, et prenant pour des lignes droites ce qui sera réellement de arcs de grand cercles tracés sur une surface sphérique dont le centre sera dans son œil, les triangles qu'il considérait comme rectilignes pourraient avoir deux angles ou même leurs trois angles droits ou obtus, et la géométrie d'un tel homme sera toute différente de la nôtre ; deux de ces lignes qu'il prendrait pour droites se rencontrant, par exemple, toujours en deux points, en sorte que la notion de deux droites parallèles serait contradictoire pour lui.

solches Wesen lebendig zu denken. Haben wir doch früher gesehen, daß sich selbst ein Schattenmann lebendig denken läßt. Daß er es ist, wollen wir hier nicht noch einmal behaupten: es ist genug, es einmal getan zu haben; aber denken kann man sich's doch. Nun, insofern alles Sehen, Hören, Dichten und Trachten eines bloß in zwei Dimensionen existierenden Wesens auch bloß in diesen zwei Dimensionen beschlossen wäre, so würde es natürlich eben so wenig von einer dritten Dimension wissen können, als wir, die wir nur in drei Dimensionen leben, von einer vierten. Das experimentierende Schatten- oder Farbenmännchen würde eben so auf seiner Fläche herumlaufen und vergebens nach der dritten Dimension suchen, eben so vergebens Mikroskope und Fernröhre danach aufspannen, als unser Naturforscher nach der vierten; es kann doch mit dem Blicke sich nicht über die Fläche erheben, sondern nur in der Richtung der Fläche fortblicken. Und das philosophierende Schattenmännchen würde, da seine Begriffe sich unstreitig im Zusammenhange mit seinen Anschauungen bilden würden, eben so wenig über die Zwei als unser Philosoph über die Drei hinauskommen können. Beide würde es also unmöglich halten, daß eine dritte Dimension existiert, daß sich durch einen Punkt mehr als Zwei auf einander senkrechte Gerade ziehen lassen. Sie wüßten absolut nicht, wo sie die dritte anbringen sollten. Und doch existiert diese dritte Dimension. Sie existiert für uns, die selbst eben in drei Dimensionen leben. Wir sind nur Farben- oder Schattenmännchen in drei Dimensionen statt in zweien. Da wir sehen, daß bei der zwei kein Aufhören ist, außer für Wesen, die selbst in der zwei aufhören, ist nicht abzusehen, warum in der Drei ein Aufhören sein sollte, außer für Wesen, die eben auch selbst in der Drei aufhören. Soll etwa die Welt nicht über Drei zählen können? Es ist auch nicht der allergeringste Grund da, warum sie bei Drei aufhören sollte; und so schließe ich nach dem Gesetz des hinreichenden Grundes, daß sie wirklich nicht dabei aufhört. Man überlege doch: sieht denn die dritte Dimension um ein Haar anders aus, als die zweite und erste? Wenn aber keine größere Kunst dazu gehörte, die dritte als die zweite und erste zu schaffen, so wird auch keine größere Kunst dazu gehören, die vierte und fünfte als die dritte und zweite zu schaffen. Wo hört die Natur sonst auf einen Anfang fortzusetzen, außer

wenn ihr die Kraft gebricht. Aber die dritte Dimension ist noch
nicht kürzer, als die beiden andern. Man sieht, wenn wir nur
erst die vierte Dimension haben, so haben wir auch sofort die
fünfte, sechste, siebente, bis zur unendlichsten Dimension;
wir können in Dimensionen wahrhaft schwelgen, sie wie
Stecknadeln fabrizieren, ihr Sparrwerk ausbauen, soweit wir
wollen. Sonst dünkte uns eine Dimension eine absonderliche
Sache; nun werden die Dimensionen spottwohlfeil werden,
und wenn man in ganz Baiern zu jeder Hopfenstange, und in
Österreich zu jedem Schlagbaum, und in Rußland zu jedem
Knutenstrick eine neue Dimension verwendete: es würde nicht
an Stoff zu eben so viel neuen fehlen. (Fechner 1846, S. 24 – 25)

Obwohl Fechner den Schritt zur vierten Dimension motivieren
will, erklärt er seinen dreidimensionalen Lesern die Verhältnisse
des vierdimensionalen Raums nicht konkret-inhaltlich – dennoch
eine erstaunlich frühe Referenz auf den vierdimensionalen Raum.
An einer Stelle gibt es allerdings eine konkrete Anspielung auf die
höherdimensionale Geometrie:

Wen ich in Wahrheit bedauere, sofern zu den drei Dimensionen
noch eine vierte kommen sollte, sind die Schüler, die schon
jetzt erschrecken, wenn sie von der Ebene der Planimetrie auf
den Berg der Stereometrie steigen sollen; nun steht ihnen sogar
noch eine Geometrie von vier Dimensionen, ein Pelion auf dem
Ossa, bevor. Was werden das für perspektivische Zeichnungen
sein müssen, wenn es gelten wird zu beweisen, daß das Prisma
von vier Dimensionen sich in vier Pyramiden gleichen Inhalts
zerlegen lasse. [...] Nun sie mögen immerhin ihre sphärische
Trigonometrie für die Sphäre von vier Dimensionen bereit
halten, denn jetzt werde ich die vierte Dimension gleich
bringen. (Fechner 1846, S. 23)

Die Flächenwesen spielen bei Fechner eine untergeordnete Rolle,
Hauptziel seiner satirischen Ausführungen sind die Philosophen. Der
Schatten, ein Flächenwesen, das Fechner anführt, ist das zweidimensionale
Abbild eines dreidimensionalen Objekts. Er tritt schon im ersten Essay
von Fechners Sammlung „Vier Paradoxa" unter dem Titel „Der Schatten
ist lebendig" auf:

Wir leben in drei Dimensionen; er [der Schatten; K. V.] begnügt
sich mit zweien; aber das macht ihn nur weniger schwerfällig.
(Fechner 1846, S. 4)

An anderer Stelle heißt es:

> Mit einem Worte, ich halte den Schatten für einen platten
> Mohren, und ich sehe nur Gründe für sein Leben, aber keine
> gegen sein Leben. (Fechner 1846, S. 14)

Große Bekanntheit verschaffte, wie bereits erwähnt, Hermann
Helmholtz (1821-1894), der „Bismarck der Wissenschaft", den
Flächenwesen, indem er sie in einer Rede und in einem darauf
aufbauenden Aufsatz mit dem Titel „Über den Ursprung und die
Bedeutung der geometrischen Axiome"[3] auftreten ließ. Es ging Helmholtz
vor allem um sein erkenntnistheoretisches Anliegen, nämlich um die
These, die Axiome der Geometrie seien empirischen Ursprungs: Andere
Erfahrungen, andere Geometrien: eine Position, die ja auch Abbott teilte.

Für Helmholtz, den Sinnesphysiologen[4], war es naheliegend, auf die
mit den empirischen Erfahrungen verbundenen sinnlichen Eindrücke
abzuheben: Er wollte nachweisen, dass zweidimensionalen Wesen mit
anderen Erfahrungen als den unsrigen eine ebene Geometrie aufbauen
würden, die von unserer Euklidischen abweicht. Als Kandidaten für
solche alternative Geometrien zieht Helmholtz die sphärische Geometrie
heran sowie die hyperbolische[5]; letztere hatte er gerade erst kennengelernt
durch eine Mitteilung des italienischen Mathematikers E. Beltrami (vgl.
Helmholtz 1865, 1868 und 1869). Während es für Helmholtz relativ einfach
war, die Verhältnisse auf der Oberfläche einer Kugelfläche aus der Sicht
von darin lebenden zweidimensionalen Lebewesen zu schildern, musste
er für den Fall der hyperbolischen Geometrie zu einem Trick greifen:
dem Spiegel, genauer gesagt, dem Konvexspiegel.[6] Eine geometrische
Lösung des Problems liefert die Pseudosphäre; Bewohner dieser Fläche
würden nach Helmholtz eine hyperbolische Geometrie entwickeln. Zu
interessanten Spekulationen gibt die Frage Anlass, was wohl Helmholtz

---

[3]Die Geschichte dieses Textes ist verwickelt. Nach den Angaben in „Vorträge und Reden",
Band 1 beruht er auf einem ansonsten nicht überlieferten Vortrag Helmholtz', gehalten
im Dozentenverein zu Heidelberg 1870. Gedruckt wurde der Text erstmals 1870 in einer
Übersetzung ins Englische, 1876 dann nochmals in „Mind". Ob Abbott diese Übersetzung
kannte, ist wohl unklar.

[4]Helmholtz verfügte durchaus über tiefe Kenntnisse der Mathematik, was nicht nur
seine Ausführungen zur Geometrie belegen sondern auch eine wichtige Arbeit zur
Wirbeltheorie (1858).

[5]Helmholtz verwendet diese Bezeichnung, die F. Klein 1872 einführte, noch nicht. Er
spricht von der Geometrie Lobatschewskys (Bolyai bleibt außen vor bei ihm) oder auch
von der Geometrie auf der Pseudosphäre.

[6]Vgl. Helmholtz 1896, 24 – 30.

zu unseren modernen Hilfsmitteln, virtuelle Welten zu erzeugen, gesagt hätte. Der Spiegel spielt auch in der Literatur eine wichtige Rolle, um seltsame Verhältnisse anschaulich zu machen.

Lebewesen auf einer Kugel müssten die sphärische Geometrie ausbilden: Geraden[7] wären für sie Großkreise und hätten somit endliche Länge; zudem würden sie sich schließen. Wären die Lebewesen auf einer Eifläche unterwegs, so ergäbe sich eine komplizierte Geometrie, da diese Fläche ja unterschiedliche Krümmungen aufweist. Besonders interessant ist aber der Fall der hyperbolischen Geometrie. Zu dieser gelangen Flächenwesen, die ihr Leben auf einer Pseudosphäre fristen.

In einer Art Fazit tauchen dann die Flächenwesen bei Helmholtz wieder auf:

> Wir als Bewohner eines Raumes von drei Dimensionen und begabt mit Sinneswerkzeugen, um alle diese Dimensionen wahrzunehmen, können uns die verschiedenen Fälle, in denen flächenhafte Wesen ihre Raumanschauung auszubilden hätten, allerdings anschaulich vorstellen, weil wir zu diesem Ende nur unsere eigenen Anschauungen auf ein engeres Gebiet zu beschränken haben.[8] Anschauungen, die man hat, sich wegdenken ist leicht; aber Anschauungen, für die man nie ein Analogon gehabt hat, sich sinnlich vorstellen ist sehr schwierig. Wenn wir deshalb zum Raume von vier Dimensionen übergehen, so sind wir in unserem Vorstellungsvermögen gehemmt durch den Bau unserer Organe und die damit gewonnen Erfahrungen, welche nur zu dem Raum passen, in dem wir leben. (Helmholtz 1896, S. 15)

Nach Helmholtz folgt aus Aufbau und Funktionsweise unserer Sinnesorgane, dass der vierdimensionale Raum prinzipiell unanschaulich ist; um sich ihm zu nähern, bietet sich die analytische Geometrie als Ausweg an, da sie ohne Anschauung auskommt.

> Da unsere Mittel sinnlicher Anschauung sich nur auf einen Raum von drei Dimensionen erstrecken, und die vierte Dimension nicht bloss eine Abänderung von Vorhandenem,

---

[7]Diese werden von Helmholtz als „geradeste Linien" eingeführt, was Geodätische bedeutet, d.h. kürzeste Verbindungen. Fechner sprach von Großkreisen, wie auch heute noch üblich.

[8]Demgegenüber wurde auch oft die These vertreten, dass die zweidimensionale Geometrie für Menschen eine reine Abstraktion sei, also keineswegs „einfach" zu erhalten ist, wie Helmholtz behauptet.

sondern etwas vollkommen neues wäre, so befinden wir uns schon wegen unserer körperlichen Organisation in der absoluten Unmöglichkeit, uns eine Anschauungsweise einer vierten Dimension vorzustellen. (Helmholtz 1896, S. 28 – 29)

Als Helmholtz dies schrieb, waren ihm (vermutlich) noch keine materialen Modelle vierdimensionaler Körper bekannt; diese wurden erst um 1880 herum populär.

Man beachte, dass auch Helmholtz' Flächenwesen nicht in einer euklidischen Ebene leben, also verschieden sind von denen Abbotts.

Auch H. Hinton, der „Philosoph der vierten Dimension", auf den wir noch zu sprechen kommen werden, hat den Flächenwesen wie in den Anmerkungen zu Abbotts Buch ausführlich geschildert, zwei Geschichten mit den Titeln „A plane world" (1880) und „An Episode of Flatland" (1908) gewidmet. Sowohl von ihnen als auch von der Analogie machte er – aber auch andere Autoren - ausgiebigen Gebrauch, wie wir sehen werden.

2.   Der Zauberstab der Analogie

Analogien spielen eine wichtige Rolle bei der Erkundung der vierten Dimension, ähnlich wie beim Versuch des Quadrats, die dritte Dimension zu verstehen. Betrachtet man beispielsweise die Anzahl der Ecken von Strecke, Quadrat und Würfel, findet man die Zahlen 2, 4 und 8. Also sollte der Hyperwürfel doch wohl 16 Ecken haben – unterstellt wird damit, dass es sich um eine geometrische Folge handelt. Ähnlich mit der Anzahl der Kanten: 1, 4 und 12. Aus Intelligenztests sind solche Aufgaben wohlbekannt, die Frage lautet „Wie geht es weiter?". Die Antwort hier ist 32.

Allerdings muss man sich davor hüten, die Dimensionsanalogie unkritisch zu verwenden, denn die Vorgabe einiger Zahlen am Anfang legt ja noch keine ganze – heißt: unendliche - Folge fest, obwohl das die Tests suggerieren. Dass Vorsicht angebracht ist, macht die Anzahl der regulären Polytope deutlich: In der Ebene existieren unendlich viele reguläre Polygone, im Raum gibt es fünf reguläre Polyeder, vierdimensional sechs reguläre Polytope und höherdimensional nur noch drei – Konvexität stets unterstellt. Ein anderes Gegenbeispiel findet sich bei Coxeter (Coxeter 1973, 119). Der Umfang eines Kreises beträgt $2r\pi$, die Oberfläche einer Kugel ist $4r^2\pi$. Also würde man per Analogie erwarten, dass die Oberfläche einer Hypersphäre $6r^3\pi$ (oder vielleicht auch $8r^3\pi$) betragen sollte. Das ist aber falsch, sie ist $2r^3\pi^2$.

Bei den Anzahlen der Ecken kann man allerding die Analogie gut begründen, indem man sich die Erzeugungsart per Verschiebung in einer Richtung, die senkrecht zum Raum des Würfels ist, deutlich macht. Diese Überlegung zeigt, warum sich die Anzahl stets verdoppelt. Anders gesagt, die Analogie bedarf der stützenden Argumente, sie ist eine Hilfe zum Entdecken richtiger Aussagen, aber keine zum Beweis derselben.

In Coxeters Augen war die ungehemmte Berufung auf die Analogie, die dem intuitiven Zugang zur vierdimensionalen Geometrie zugrunde liegt, sogar Ursache vieler Übel im Bereich der vierten Dimension:

> Viele Anhänger der intuitiven Methode verfallen in einen noch viel schwerwiegenderen Fehler. Weil die vierte Dimension senkrecht zu allen unseren Sinnen bekannten Richtungen ist, gehen sie davon aus, dass dieser etwas Mystisches anhafte. Es gibt keinerlei Evidenz dafür, dass eine vierte Raumdimension in irgendeinem physikalischen oder metaphysischen Sinne existieren würde, außer wir akzeptieren Houdini's Großtaten[9] ohne Vorbehalt). (Coxeter 1973, S. 119)[10]

3. Die vierte Dimension

Die Koordinatengeometrie hielt ihren Einzug in die Mathematik im 17. Jahrhundert beginnend mit René Descartes' „Geometrie" (1637), blieb aber vorerst hauptsächlich auf die Ebene beschränkt. Erst im Zeitalter von Leonhard Euler (1707–1783) begann man, sie auch im Raum zu betreiben. Im 19. Jahrhundert erlebte die analytische Geometrie – heute würde man eher von algebraischer Geometrie sprechen - einen großen Aufschwung vor allem durch ihre Anwendung auf Kurven und Flächen, bekannte Namen in diesem Zusammenhang sind A. Cayley, G. Salmon, A. Clebsch, L. O. Hesse und L. Cremona. Besonders die Lehrbücher von G. Salmon, in deutscher Bearbeitung von W. Fiedler herausgegeben, waren sehr erfolgreich und sorgten für weite

---

[9]Harry Houdini (1874 – 1926) war der wohl bekannteste Zauberkünstler seiner Zeit. Er lehnte die Vorführungen von Medien wie Slade (siehe unten) ab und engagierte sich bei deren Aufklärung (u.a. als Mitglied einer von der Zeitschrift Scientific American eingerichteten Untersuchungskommission)

[10]Many advocates of the intuitive method fall into a far more insidious error. They assume that, because the fourth dimension is perpendicular to every direction known through our senses, there must be something mystical about it. Unless we accept Houdini's exploits at their face value, there is no evidence that a fourth dimension of space exists in any physical or metaphysical sense.

Verbreitung der neuen Theorien. Aus heutiger Sicht scheint es nun sehr naheliegend zu sein, zu denken: Wenn man drei Koordinaten verwendet, warum nicht auch vier? Ist beispielsweise die Einheitssphäre des gewöhnlichen Raumes beschrieben als $\{(x, y, z) \mid x^2 + y^2 + z^2 = 1\}$, so ist die entsprechende Fläche im vierdimensionalen Raum gegeben durch $\{(x, y, z, w) \mid x^2 + y^2 + z^2 + w^2 = 1\}$. Was wäre einfacher als dies? Ist eine Gerade im dreidimensionalen Raum durch eine Gleichung der Form $Ax + By, +Cz + D = 0$ gegeben, so sollte sich doch eine Gerade im Vierdimensionalen schreiben als $Ax + By, +Cz + Dw + E = 0$. Etc.

So naheliegend das alles für uns klingt, so schwierig war es für die Mathematiker jener Zeit, denn der Begriff des Raumes war eng verbunden mit der Forderung nach Anschaulichkeit, also mit Dreidimensionalität. Physikalischer, mathematischer und anschaulicher Raum bildeten noch eine recht monolithische Einheit. Selbst in der ersten Hälfte des 19. Jhs. finden sich hierfür noch deutliche Belege. Als Beispiel sei hier August Ferdinand Möbius (1790–1868) zitiert, der sich in seinem Werk „Der barycentrische Calcul" (1827) u.a. mit dem Problem der inkongruenten Gegenstücke beschäftigte, also mit dem Phänomen, dass es im dreidimensionalen Raum spiegelbildliche Objekte wie beispielsweise Dreieckspyramiden gibt (vgl. Abbildung 1), die man nicht zur Deckung bringen kann. Bekannt gemacht hatte Immanuel Kant (1724–1804) diese Frage, man sprach von „inkongruenten Gegenstücken", als Beispiel dienten ihm der linke und der rechte Handschuh aber auch Schneckenhäuser und sphärische Dreiecke.

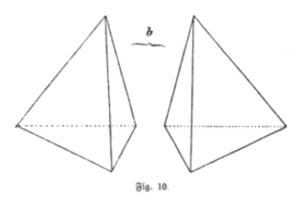

Abbildung 1. Symmetrische Polyeder: Die Schokolade (links) passt nicht in die Packung (rechts), obwohl alle Maße stimmen!

Möbius erkannte klar, dass es im vierdimensionalen Raum möglich wäre, solche inkongruenten Gegenstücke zur Deckung zu bringen – liegen diese entsprechend, so genügt eine Drehung um eine Ebene (!) – um dann festzustellen:

> Es scheint sonderbar, dass bei körperlichen Figuren Gleichheit und Ähnlichkeit ohne Koinzidenz stattfinden kann, da hingegen bei Figuren in Ebenen oder bei Systemen von Punkten in geraden Linien Gleichheit und Ähnlichkeit mit Koinzidenz immer verbunden ist. Der Grund davon möchte darin zu sehen sein, dass es über den körperlichen Raum von drei Dimensionen hinaus keinen andern, keinen von vier Dimensionen gibt. Gäbe es keinen körperlichen Raum, ..., so würde es eben so wenig möglich sein, zwei sich gleiche und ähnliche Dreiecke, bei denen aber die Folge der sich entsprechenden Spitzen nach entgegengesetztem Sinne geht, zur Deckung zu bringen. Nur dadurch kann man diese bewerkstelligen, dass man das eine Dreieck um eine seiner Seiten oder um irgend eine andere Gerade der Ebene, als um eine Achse, eine halbe Umdrehung machen lässt, bis es wieder in die Ebene fällt. Dann geht bei ihm und dem andern Dreiecke die Folge der sich entsprechenden Spitzen nach einerlei Sinn, und es kann mit den anderen durch Fortbewegung in der Ebene selbst, ohne weitere Zuhilfenahme des körperlichen Raums coincidirend gemacht werden. (Möbius 1827, S.184)

Das Phänomen der inkongruenten Gegenstücke war übrigens im Kontext der sphärischen Geometrie schon früh erkannt worden; hier ist es einfach, zwei Dreiecke zu bilden, die in allen drei Seiten und Winkeln übereinstimmen und dennoch nicht zur Deckung gebracht werden können. Natürlich ist dies auch in der gewöhnlichen ebenen Geometrie möglich, hier scheint aber niemand auf die Idee gekommen zu sein, dies sei eine interessante Beobachtung – vermutlich, weil man zwei ebene spiegelbildliche Dreiecke durch eine Drehung im Raum immer zur Deckung bringen kann, nachdem man sie in eine entsprechende Lage gebracht hat. Bei sphärischen Dreiecken scheitert dies an deren Krümmung.

Auch andere Mathematiker, wie z. B. Julius Plücker (1801–1868), äußerten ähnliche Gedanken: Es gibt nur einen Raum und der ist dreidimensional. Daran hielt Plücker fest, obwohl er selbst die Möglichkeit erkannte, den Raum mit Hilfe von Geraden zu erzeugen (und nicht mit Punkten). Dann wird dieser vierdimensional – aber das ist eben nur ein Effekt des gewählten Zugangs und liegt nicht im Wesen des Raumes.

Die Idee, es gäbe nur einen Raum, machte sich auch bemerkbar, als man Veranlassung hatte, Abbildungen von einem Raum in einen anderen Raum zu betrachten[11] – was man ja eigentlich gar nicht kann, wenn es nur einen gibt. Man griff zu einer List, die man der darstellenden Geometrie – dort sprach man vom Umklappen einer Ebene auf die andere – entlehnte: Die beiden Räume werden in einem Raum vereinigt gedacht, wobei aber jeder Punkt, jede Gerade etc. eine doppelte Bedeutung besitzt: modern gesprochen einmal als Urbild und einmal als Bild.

Erste vorsichtige Schritte, die Beschränkung auf drei Dimensionen in der Geometrie[12] zu überwinden, finden sich um die Mitte des 19. Jhs. So schrieb etwa Augustin Louis Cauchy (1789–1857):

> Kommen wir nun überein, dass die Zahl der Variablen $x, y, z, \ldots$ größer als drei wird. Dann bestimmt jedes System von Werten für $x, y, z, \ldots$ etwas, was wir einen analytischen Punkt nennen wollen, dessen Koordinaten die fraglichen Variablen sind. Umgekehrt entspricht diesem Punkt jeweils ein bestimmter Wert jeder der Funktionen $x, y, z, \ldots$ Werden darüber hinaus die verschiedenen Variablen bestimmten, durch Ungleichungen dargestellten Bedingungen unterworfen, so entsprechen die Systeme von Werten von $x, y, z, \ldots$, für die diese Bedingungen erfüllt sind, verschiedenen analytischen Punkten, deren Gesamtheit das bildet, was wir einen *analytischen Ort* nennen. [...]
>
> Wir nennen weiterhin ein System von analytischen Punkten eine analytische Gerade, wenn sich die diversen Koordinaten als lineare Funktionen einer dieser Koordinaten ausdrücken lassen. Schließlich ist der Abstand zweier analytischer Punkte die Wurzel aus der Summe der Quadrate der Differenzen zwischen den beiden Punkten. (Cauchy 1847, 292-293)[13]

---

[11] Ein Beispiel für eine derartige Situation erhält man, wenn man analog zum ebenen Fall, wo man eine Ebene zentral auf eine andere projiziert, einen Raum zentral auf einen anderen projizieren will – diese Situation ist als Reliefperspektive bekannt und spielt z. B. bei Bühnenbildern eine Rolle.

[12] In der Algebra hatte das schon Diophant (1. Jh. u.Z.) geschafft, der bis zur sechsten Potenz der Unbekannten ging.

[13] Concevons maintenant que le nombre des variables $x, y, z, \ldots$ devienne supérieure à trois. Alors chaque système des valeurs de $x, y, z, \ldots$ déterminera ce que nous appellerons un point analytique, dont ces variables seront les coordonnées, et, à ce point, répondra une certaine valeur de chaque fonction de $x, y, z, \ldots$ De plus si les diverses variables sont assujetties à diverses conditions représentées par des inégalités, les systèmes des valeurs

Als Argument für diese Grenzüberschreitung wird ihre große Nützlichkeit angeboten. Ähnlich äußerten sich auch andere Mathematiker, etwa Arthur Cayley. Sie alle boten die neue Geometrie genauso an, wie „Ein Quadrat" den Raum propagierte, als es vorsichtig sein wollte: als bloßes Gedankengebilde, nicht als Realität.

Einen Markstein der neuen mehrdimensionalen Geometrie hätte Ludwig Schläflis [14] Abhandlung „Die Theorie der vielfachen Continuität" (Schläfli 1901) werden können, die anfangs der 1850iger Jahre entstand und eine große Zahl interessanter Ergebnisse enthielt. Insbesondere löste Schläfli das Problem, die regulären Polytope im vier- und höherdimensionalen Raum zu bestimmen, also die Analoga der Platonischen Körper des dreidimensionalen Raumes zu ermitteln.[15] Dieses sollte um 1880 herum zu einer vielbeachteten Frage werden, denn es handelte sich dabei um ein wirklich geometrisches Problem – im Unterschied zu vielen anderen, die man noch als „Algebra in geometrischer Verkleidung" (J. J. Sylvester) abtun konnte. Allein, Schläfli fand niemanden, der seine Schrift drucken wollte. So konnte er nur Auszüge[16] aus der derselben veröffentlichen, die deren Inhalt nicht wirklich deutlich machten und unbeachtet blieben. Schläfli hat später nie seine Priorität in Sachen vierdimensionale Geometrie für sich reklamiert; anscheinend war er sehr bescheiden.

Die verblüffende Lösung des Problems, die vierdimensionalen regulären Polytope zu bestimmen – im Vierdimensionalen gibt es (bis auf Ähnlichkeit) sechs konvexe reguläre Polytope, höherdimensional dann nur noch drei – wurde von mehreren Forscher etwa zeitgleich gefunden; am bekanntesten hierunter ist wohl der Beitrag des US-amerikanischen Mathematikers Washington Irving Stringham (1847-1909).

---

de $x, y, z, \ldots$, pour lesquels ces conditions seront remplies, correspondront à divers points analytiques dont l'ensemble formera ce que nous appellerons *un lieu analytique*. [...]

[14]Zu Schläfli vgl. man Kellerhals 2010.

[15]Diese bestehen aus einer Sorte kongruenter regulärer Polyeder, so dass die Situation an allen Ecken des Polytops dieselbe ist.

[16]Vgl. Schläfli 1858/1860 und Schläfli 1867.

Abbildung 2. Drei Arten, wie man eine reguläre Ecke im vierdimensionalen Raum bilden kann in perspektivischer Darstellung; die benachbarten Seitenflächen sind paarweise zu identifizieren (Stringham 1880, plate I)

Stringham ging ganz klassisch vor: Genau wie Euklid im XIII. Buch seiner Elemente gliederte er das Problem in zwei Schritte. Im ersten Schritt zeigte er, welche regulären Polytope es überhaupt geben kann. Dazu untersuchte er die möglichen Arten, die Ecken solcher Körper aus regelmäßigen Polygonen zu bilden. Abbildung 2 zeigt einige dieser Möglichkeiten im Falle von regulären Polytopen; hier muss die Ecke ja aus kongruenten regulären Polyedern, aus Platonischen Körpern also, gebildet werden. Dabei spielen die Raumwinkel der Körper, die die Ecke bilden sollen, eine wichtige Rolle – bei Euklid sind es analog die ebenen Winkel der Polygone, die in einer Ecke zusammentreffen. In beiden Fällen darf der Raum um die Ecke herum nicht vollständig ausgefüllt werden; die ebenen Winkel dürfen sich nicht zu einem Vollwinkel, zu 2π also, aufsummieren und die Raumwinkel nicht zu 4π, das ist die Oberfläche der Einheitssphäre. Im zweiten Schritt untersucht man dann, welche Körper aus den gefundenen Möglichkeiten sich konstruieren lassen; der erste Schritt liefert ja nur Aussagen zu einzelnen Ecken, im zweiten geht es darum, einen ganzen Körper aus solchen Ecken zusammenzusetzen.[17] Da das Polytop regulär sein soll, darf es nur aus einer Art von Ecken bestehen – alle Ecken sind gleich, heute spricht man von Eckentransitivität: Jede Ecke lässt sich auf jede Ecke vermöge einer Symmetrieoperation abbilden. Stringham, der u.a. eine Ausbildung als Schildermaler absolviert hatte, gab sich große Mühe, diese neuartigen Körper zu veranschaulichen, u.a. mit Hilfe von kolorierten Abbildungen, was damals eine Seltenheit im Reich der Mathematik darstellte. Natürlich war klar, dass zweidimensionale

---

[17] Der entsprechende Satz, der letzte des XIII. Buches der Elemente, wird üblicherweise als eine Ergänzung angesehen, die erst später vorgenommen wurde.

Abbildungen vierdimensionaler Gebilde diese noch weniger treffend wiedergeben können, als solche von dreidimensionalen. Das wird deutlich, wenn man die Darstellung des Hyperwürfels – also des vierdimensionalen Würfels – in Abbildung 3 betrachtet:

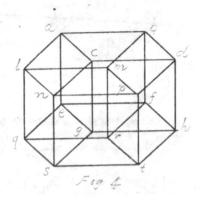

Abbildung 3. Ebenes Diagramm des Hyperwürfels (Stringham 1880, plate I)

Hilfreich ist, wenn man sich vorstellt, dass der Würfel links an der Seite in Stringhams Abbildung (mit den Ecken q, s, g, e, l, n, c, a) sich in den Würfel ganz rechts (mit den Ecken t, h, f, r, p, d, c, m) verschiebt – entlang einer Richtung senkrecht zum Raum, in dem ersterer liegt. Die Verschiebung wird so vorgenommen, dass jedes Quadrat des Ausgangswürfels einen Würfel beschreibt; vier von diesen Würfeln sind als Parallelflache, die sich allerdings in der Abbildung – nicht in der Realität – partiell überschneiden, in der Zeichnung zu sehen. Folglich hat man es letztlich mit acht Würfeln[18] zu tun, die den Hyperwürfel bilden: Ausgangs- und Endwürfel liegen parallel, hinzukommen die sechs Würfel, die die sechs Quadrate des Ausgangswürfels erzeugen. Man kann auch die Anzahl der Ecken – es sind 16 – und Kanten – es sind 32 – des Hyperwürfels der Abbildung durch Abzählen entnehmen. Betrachtet man eine geeignete Ecke, zum Beispiel c, so erkennt man zudem, dass in ihr vier Würfel zusammentreffen.

Man versuchte auch, ganz im Geiste der Zeit, der noch auf Anschaulichkeit Wert legte, dreidimensionale materiale Modelle der vierdimensionalen Polytope herzustellen. Ein Pionier hierbei war Victor Schlegel (1843–1905), der eine Darstellungsweise erfand, die heute noch als „Schlegel-Diagramme" geläufig ist.[19] Seine Modelle wurden kommerziell

---

[18]Man spricht auch von Zellen des Polytops und nennt den vierdimensionalen Würfel Achtzell.

[19]Vgl. Schlegel 1886.

vom Verlag Ludwig Brill, später dann Martin Schilling, produziert und vertrieben; sie finden sich noch heute in vielen Modellsammlungen, nicht selten inkognito. Eine andere Möglichkeit, sich Polytope anschaulich zu machen, sind Netze. Man schneidet das Polytop an einigen Stellen längs Flächen auf und entfaltet das Ganze dann in den gewöhnlichen Raum. Für Polyeder geht diese Idee übrigens auf Albrecht Dürer (1471–1528) mit seiner *Underweysung der messung mit dem zirckel unn richtscheyt in Linien ebnen unnd gantzen corporen* (1525) zurück, wurde also erstaunlich spät erst entdeckt – und dann noch von einem Künstler, allerdings einem mit einer gewissen mathematischen Bildung und großem mathematischen Interesse.

Abbildung 4. Netz des Hyperwürfels bestehend aus acht Würfel, wovon einer nicht sichtbar im Innern liegt (Quelle: Göttinger Sammlung mathematischer Instrumente und Modelle, Nr. 354)

Das Netz des Hyperwürfels (vgl. Abbildung 4) – manchmal auch der Hyperwürfel selbst – wird Tesserakt genannt, ein Begriff, den H. Hinton[20] eingeführt hat und der sich vielleicht von *tesserae*, dem lateinischen Wort für Spielwürfel ableitet. Eine andere Ableitung weist auf Griechisch *tésseres aktínes*, Deutsch ‚vier Strahlen‘, hin – also auf die Anzahl der Kanten, die sich in jeder Ecke des Hyperwürfels treffen. Salvador Dalí (1904–1989) hat ihn 1954 für die Kreuzigungsszene *Crucifixion (Corpus Hypercubus)* verwendet. Bei Dalí ist allerdings die Anspielung auf den vierdimensionalen Raum nur ein Faszinosum, heißt, inhaltlich wird diese nicht ausgenutzt.

---

[20]Zu Hinton vgl. Abschnitt 11 unten.

Dies war aber in der bildenden Kunst nicht immer so, es gibt durchaus Hinweise auf eine tiefergreifende Beschäftigung mit dem Hyperraum seitens von Künstlern: Da man vierdimensional mehr Seiten eines dreidimensionalen Körpers auf einmal sehen könnte als dreidimensional, bietet die vierte Dimension für die bildende Kunst einige interessante Aspekte. Diese kamen insbesondere im Kubismus zum Tragen, wo es Bilder, z. B. von Pablo Picasso, gibt, die mehrere Ansichten eines Objektes simultan zeigen, die man im Dreidimensionalen gar nicht gleichzeitig sehen kann. Die vierte Dimension ermöglicht, anders gesagt, das, was man dreidimensional durch Herumgehen um das Objekt erreichen würde, ohne zeitlichen Bezug darzustellen – die zeitliche Dimension wird gewissermaßen statisch.[21]

4.   Alicia Boole Stott, eine Frau in der vierten Dimension

Bekanntlich setzte sich Abbott für die Rechte von Frauen, insbesondere auf Bildung, ein – auch, indem er sich praktisch engagierte. Bemerkenswerterweise tritt in der Geschichte der vierten Dimension früh eine Frau auf – und zudem noch in Abbotts Heimat: Alicia Boole – Stott.

Ende des 19., Anfang des 20. Jhs. finden sich hin und wieder Frauen in der Mathematik – man denke etwa an Sonja Kowalewskaja oder Grace Chisholm – Young. Auch Studentinnen der Mathematik[22] gab es vereinzelt und zu unterschiedlichen Zeitpunkten, eine davon war Katja Pringsheim, Tochter des Münchner Mathematikprofessors Alfred Pringsheim, die später Thomas Mann heiratete und als Katja Mann - oder auch: „Frau Thomas Mann" - bekannt wurde. Sie studierte mit einer Sondergenehmigung einige Semester an der Universität München Mathematik, u. a. bei ihrem Vater. Es war durchaus ungewöhnlich zu jener Zeit, dass eine Frau im Bereich der Mathematik arbeitete.[23] Unter diesen ungewöhnlichen Fällen nimmt Alicia Boole Stott wiederum eine ungewöhnliche Stellung inne, denn sie hatte nie eine weitergehende mathematische Ausbildung genossen – laut I. MacHale kannte sie gerade mal die ersten beiden Bücher von Euklids „Elementen"[24] - eine

---

[21]Vgl. Gebser 1973, Henderson 1983 und 2007 sowie Werner 2002.

[22]Eine Vorreiterrolle spielten hier die USA. Aus diesem Land kamen schon früh in den 1890er Jahren vor allem Doktorandinnen der Mathematik, die meist nach Göttingen gingen, um bei Hilbert oder Klein zu promovieren.

[23]Mehr zu diesem Thema findet man bei Kaufholz/Ostwald 2020.

[24]Vgl. MacHale 1985, 261

akademische Position hatte Alicia Boole Stott nie inne.[25] Sie wuchs allerdings unter ungewöhnlichen Bedingungen auf, wobei der Vater George Boole, einer der Begründer der modernen Logik und der Invariantentheorie, keine Rolle spielen konnte[26], denn er starb als seine Tochter gerade erst vier war.

Alicia Boole wurde am 8. Juni 1860 in irischen Cork, wo ihr Vater Mathematikprofessor war, als dritte Tochter von Mary Everest-Boole (1832–1916)[27] und George Boole (1815 – 1864) geboren. Die Mutter hatte sich autodidaktisch in Mathematik gebildet, zeitweise war ihr späterer Mann ihr Tutor; sie verfasste ein Buch mit dem Titel „Philosophy and Fun of Algebra" (1909), bekannt geblieben sind auch ihre Beiträge zur Semiotik.[28]

Mary Everest-Boole betonte, dass es wichtig sei, Kinder mit konkreten Materialien auszustatten, mit denen sie spielerisch handelnd lernen können sollten: eine erstaunlich moderne Idee.[29] Tochter Alicia wird als erwachsene Frau zahlreiche Modelle von Polytopen aus Karton bauen, die heute noch im Universitätsmuseum Groningen zu sehen sind. Die Liebe zum Konkreten hatte sich bei ihr voll entfaltet.

Mary Everest-Boole entwickelte auch Vorschläge zur Reform der Erziehung, die sie u.a. in dem einflussreichen Buch „The Preparation of the Child for Science" (1904) darlegte. Sie war zudem für spiritistische Ideen empfänglich, u.a. wurde sie das erste weibliche Mitglied der „Society for Psychical Research". Auch zu diesem Themenfeld verfasste sie ein Buch: „The message of Psychic Sciences for Mothers and Nurses" (1883). Offenkundig hatten ihre aus moderner Sicht wohl feministisch zu nennenden Ideen Erfolg bei einigen ihrer insgesamt fünf Töchtern, die bemerkenswerte Vitae aufzuweisen haben.[30]

---

[25]Es ist vor allem das Verdienst von Irene Polo-Blanco (Bilbao), auf die interessante Geschichte von Alicia Boole Stott, insbesondere auch auf die Inhalte ihrer mathematischen Arbeiten unter Einschluss der Modelle, aufmerksam gemacht zu haben. Ich folge hier im wesentlichen Polo Blanco 2007 und Polo Blanco 2008.

[26]Anders als etwa im Falle von Katja Pringsheim und Emmy Noether, die beide Förderung seitens ihrer Väter erhielten. Zu Boole und seiner Familie vgl. man MacHale 1985. Dieser sieht bei Tochter Alicias mathematischer Begabung Vererbung im Spiel (vgl. MacHale 1985, S. 261).

[27]Der Namesgeber des bekannten Berges war ein Onkel von Mary.

[28]Es gibt eine vierbändige Ausgabe ihrer Werke: Collected Works, ed. by E. M. Cobham (Cambridge: CUP, 1931).

[29]Vgl. Polo-Blanco 2007, S. 135 – 136. Man denke aber auch an die Fröbel-Gaben, es gab durchaus mehrere Ansätze dieser Art im 19. Jh.

[30]Eine davon, Mary Ellen, war die (erste) Frau von Ch. H. Hinton, dem Philosophen der vierten Dimension (siehe unten Abschnitt 11). Die jüngste Tochter Ethel Lilian (1864 –

Nach dem Tod des Vaters, der tragischer Weise anscheinend mit der Begeisterung der Mutter für homöopathische Behandlungsmethoden zu tun hatte, zog die Mutter mit vier ihrer fünf Töchter nach London, wo sie als Bibliothekarin am *Queen's College* Arbeit fand. Alicia blieb vorerst in Cork bei ihrer Großmutter, begab sich aber mit sieben ebenfalls nach London. Zusammen mit einer ihrer Schwestern besuchte Alicia das als liberal geltende *Queen's College*, eine Mädchenschule, nahm danach aber kein Studium auf. Ch. H. Hinton war gelegentlich Gast der Familie Boole; anlässlich dieser Besuche könnte die Tochter Alicia dessen Materialien zur vierten Dimension, Hintons kleine bunte Würfel, kennen gelernt haben. Im Jahr 1888 trat Alicia Boole als Mitherausgeberin von Hinton's Buch „A new era of thought" in Erscheinung. Sie arbeitete eine Zeitlang als Sekretärin in der Nähe von Liverpool und heiratete 1889 den im Versicherungswesen tätigen Walter Stott, mit dem sie zwei Kinder, einen Sohn und eine Tochter, hatte. Alicia Boole Stott baute in der Zeit nach der Geburt ihrer Kinder die bereits erwähnten Modelle aus Karton von dreidimensionalen Schnitten regulärer Polytope.[31] 1894 machte sie ihr Mann auf Arbeiten des niederländischen Mathematikers Pieter Hendrik Schoute (1846-1923) aufmerksam [32], die sich mit rein analytischen Mitteln mit Polytopen beschäftigten. Alicia Boole Stott trat mit Schoute in brieflichen Kontakt. Nach einem Zusammentreffen in England anlässlich einer Sommerreise von Schoute veröffentlichte Alicia Boole Stott ihre erste eigenständige mathematische Arbeit „Geometric Deduction of Semiregular from Regular Polytopes and Space Fillings" im Jahr 1900 in den Verhandlungen der Amsterdamer Akademie. Die Besuche von Schoute in England wurden fortgeführt; es ergaben sich mehrere gemeinsame Publikationen.[33] Die Zusammenarbeit endete erst 1913 mit dem Tod von Schoute; Alicia Boole Stott hat danach nicht mehr publiziert. Im nachfolgenden Jahr verlieh ihr die Universität Groningen, wo Schoute tätig gewesen war, die Ehrendoktorwürde. Viele Jahre später lernte sie 1930 H. S. M. Coxeter (1907–2003) durch die Vermittlung ihres

---

1960) wurde unter dem Namen ihres Ehemannes Voynich eine bekannte Schriftstellerin und – zeitweise – Revolutionärin.

[31] Vgl. Polo Blanco 2008. Im Sonderfall des Hyperwürfels schreibt sie die Idee der Schnitte Hinton zu; vgl. Boole Stott 1900, S. 5 n. 1 und Hinton 1883, S. 16 – 18. Es handelt sich um den ersten Essay von Hinton „What is the Fourth Dimension".

[32] Es ist nicht klar, wie der Versicherungsangestellte Stott auf diese Arbeiten gestoßen sein könnte, die in den Verhandlungen der Amsterdamer Akademie erschienen sind. Eine denkbare Verbindung wäre der Versicherungsmathematiker Curjel, dem Boole Stott in ihrer Arbeit von 1900 für Hilfe beim 600zell dankt (vgl. Boole Stott 1900, S. 5 n 1).

[33] Vgl. etwa Boole-Stott/Schaute 1908.

Neffen Geoffrey Ingram Taylor (1886–1975)[34] kennen. Es ergab sich erneut eine Zusammenarbeit, über die Coxeter berichtet hat, die aber zu keinen gemeinsamen Publikationen führte.[35] Bei ihren mathematischen Arbeiten zur vierdimensionalen Geometrie konnte sie sich auf ihr ungewöhnlich hochentwickeltes Anschauungsvermögen stützen. H. S. M. Coxeter schreibt dazu:

> Frau Boole Stott's geometrische Vorstellungskraft ergänzte Schoute's eher orthodoxe Arbeitsweise, somit bildeten sie ein ideales Team." (Coxeter 1973, 259).[36]

Die Schilderung, die Coxeter von Alicia Boole Stott's Leben gibt, weicht in einigen Punkten von der obigen ab.

Um einen Eindruck von Boole Stott's Arbeitsweise zu geben, folgen hier einige Erläuterungen zu ihrer Abhandlung aus dem Jahr 1900. Darin begründet sie das wohlbekannte Ergebnis, dass es höchstens sechs (konvexe) reguläre Polytope geben kann, auf eine neue Weise, nämlich mit Hilfe von Schnitten der Polytope mit Räumen. Diesen Ansatz hatte sie schon in ihren Modellen konsequent angewendet. Der richtig platzierte Schnitt muss ein Platonischer Körper sein und dafür gibt es nur fünf Möglichkeiten. Um heraus zu finden, wie der Schnitt aussieht, überlegt man sich, wie die das reguläre Polyeder begrenzenden regelmäßigen Polygone aussehen. Auffallend ist, dass Boole Stott keine Literaturhinweise gibt, selbst nicht auf den eigentlich unumgänglichen Stringham. In einer Fußnote zu ihrer Arbeit erwähnt sie lediglich Hinton mit seiner Schnittmethode und den oben bereits genannten Harald Worthington Curjel (1868–1945).[37] All das deutet darauf hin, dass sie weitgehend auf sich gestellt war bei ihren Forschungen.

Im nächsten Schritt geht die Verfasserin dazu über, Schnitte der regulären Polytope zu untersuchen. Da es uns hier nur um die Methode geht, beschränken wir uns auf den einfachsten Fall, den Hyperwürfel. Das

---

[34]Taylor war der Sohn von Alicias Schwester Margaret (1858 – 1935); er wurde als Hydrodynamiker bekannt und hatte eine Forschungsprofessur der Royal Society inne. Sein Studium und seine Karriere waren eng mit Cambridge verbunden, wo Coxeter studierte.

[35]Vgl. Coxeter 1973, S. 258 – 259.

[36]Mrs. Stott's power of geometrical visualization supplemented Schoute's more orthodox methods, so they were an ideal team.

[37]Dieser hat 1899 eine Arbeit „Notes on the regular hypersolids" veröffentlicht. Über Curjel ist nur wenig bekannt, u.a. dass er in Oxford studiert hat und Mitglied der London Mathematical Society sowie (vermutlich) des Institute of Actuaries war. Ich danke June Barrow-Green (London) für Informationen zu Curjel.

Vorgehen ist vollständig analog zu jenem, das den Würfel mit Hilfe ebener Schnitte untersucht. Hierbei nimmt man eine Ebene, die eine Quadratseite des Würfels komplett enthält. Der Schnitt ist folglich dieses Quadrat. Dann verschiebt man diese Ebene parallel in Richtung Würfelmitte und erhält als Schnitte immer Quadrate. Dies wiederholt sich symmetrisch auf der anderen Seite des Mittelpunktes. Die Lage der schneidenden Ebene kann man dadurch charakterisieren, dass sie stets senkrecht zu der Geraden liegt, welche den Mittelpunkt des Würfels mit dem Mittelpunkt des ersten ausgeschnittenen Quadrats verbindet. Insgesamt erhält man für diese Art von Schnitten – die man senkrecht nennen könnte - immer Quadrate.[38]

Geht man nun per Analogie eine Dimension höher, so muss man eine Würfelzelle des Hyperwürfels auswählen nebst demjenigen Raum, der diese enthält. Dieser steht senkrecht auf der Verbindungsgeraden der Mittelpunkte von Hyperwürfel und ausgewählter Würfelzelle. Der Schnitt ist der fragliche Würfel. Nun verschiebe man den Raum parallel zu sich, also so, dass er weiterhin senkrecht auf der Verbindungsgeraden steht, in Richtung Mittelpunkt des Hyperwürfels. Die Vermutung ist naheliegend, dass der Schnitt wieder ein Würfel ist. Um dies einzusehen, betrachte man Abbildung 5:

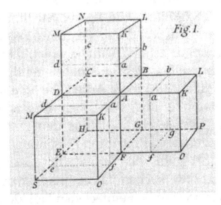

Abbildung 5. Die entfaltete Ecke eines Hyperwürfels (Boole Stott 1900, Figur 1)

Diese zeigt die Situation um eine Ecke A des Hyperwürfels, in der, wie in allen anderen Ecken auch, vier Würfel zusammentreffen. Das vierdimensionale Gebilde wurde auseinander geschnitten und in den dreidimensionalen Raum entfaltet;[39] die vorzunehmenden

---

[38]Eine andere Art, die Schnitte zu legen, besteht darin, die Schnittebenen immer senkrecht zu einer Raumdiagonalen des Würfels.

[39]Man könnte vom Netz einer Ecke des Hyperwürfels sprechen. Dieses findet man natürlich im Netz des Hyperwürfels, im Tesserakt, als Teil wieder.

Identifikationen – das heißt, Ecken, die eigentlich nur eine Ecke im Polytop bilden aber durch das Aufschneiden getrennt wurden - sind durch gleiche Buchstaben angedeutet. Beispielsweise sind die beiden mit L bzw. K bezeichneten Ecken jeweils zu identifizieren, also fallen die Quadrate $ABLK$ (in der Abbildung senkrecht angedeutet) und $ABLK$ (in der Abbildung waagerecht gelegen) zusammen. Zu beachten ist, dass es noch eine dritte Ecke K gibt, die mit den beiden anderen K zu identifizieren ist. In jeder Ecke des Polytops treffen sich ja vier Würfel; der vierte würde hier oben auf dem Würfel $ABCDKLMN$ drauf sitzen und mit dem darunter liegenden die Ecke K gemeinsam haben. Diesen Prozess hatte Stringham, bei dem wir eine ähnliche Figur fanden, das „Schließen der Zwischenräume" genannt.

Der Schnitt, von dem ausgegangen wird, sei der Würfel $ABCDEFGH$. Verschiebt man nun den Raum, mit dem geschnitten wird, so muss der Schnitt mit dem Hyperwürfel wieder ein dreidimensionales Gebilde sein. Als Begrenzungen für dieses ergeben sich die Quadrate $abfg$, $abcd$ und $adcf$; diese sind in der Abbildung gestrichelt gezeichnet. Hinzu kommen noch drei Quadrate, die symmetrisch zu den drei genannten liegen.[40] Es ergibt sich wieder ein Würfel. So geht es weiter, bis man schließlich zum „Gegenwürfel"[41] des Würfels $ABCDEFGH$ gelangt und damit den Hyperwürfel einmal durchquert hat.[42] Schaut man sich die Vorgehensweise von Alicia Boole Stott genauer an, so stellt man fest, dass hier eine Menge Anschauungsvermögen erforderlich ist, das aber doch auch mit anderen Ideen – z. B. numerischen (Anzahl der Kanten in einer Ecke etc.) – kombiniert wird.

Es gibt einige Publikationen, bei denen Alicia Boole Stott als alleinige Autorin oder als Koautorin in Erscheinung trat. Sie sind fast alle bei der Amsterdamer Akademie der Wissenschaften erschienen und gehören inhaltlich gesehen sämtlich zum Themenfeld konkrete gestaltliche Untersuchungen von Polytopen.[43]

In der 1907 publizierten Arbeit ging es um Analoga der Archimedischen Körper im Vierdimensionalen, also um halb-reguläre

---

[40]Vgl. die Beschreibungen in Polo-Blanco 2007, 145 – 146 und in Boole Stott 1900, S. 4 – 5.

[41]Stellt man sich vor, der Hyperwürfel sei entstanden durch Verschiebung des Würfels ABCDEFGH, so ist der Gegenwürfel die Endlage des verschobenen Würfels.

[42]Die Situation bei den anderen regulären Polytopen ist wesentlich schwieriger zu verstehen. Neben der Originalveröffentlichung von Alicia Boole Stott finden man eine ausführliche Darstellung in Polo-Blanco 2007, S. 146 – 152.

[43]Vgl. Boole Stott 1907 und Boole Stott 1910.

Polytope.[44] Es gelang Boole Stott hier, 45 dieser Polytope zu bestimmen.[45] Auch in diesem Falle verwandte sie in Gestalt der Operationen „Expansion" (Erweiterung) und „Truncation" (Abstumpfen) zwei sehr anschauliche Konzepte in Analogie zum dreidimensionalen Fall.

In den Jahren 1908 bis 1910 publizierte Boole Stott noch drei gemeinsame Arbeiten mit P. H. Schoute: Insgesamt ein überschaubares Werk, konzentriert auf den Zeitraum 1900 bis 1910. Das ändert aber nichts an seiner Wichtigkeit, vor allem, wenn man sich die Arbeitsbedingungen dieser Frau bewusst macht. In einem Brief aus dem Jahre 1911 an ihren Neffen, den bereits erwähnten Geoffrey Ingram-Taylor (1886–1975), schrieb Alicia Boole Stott:

> Ich habe in der letzten Zeit nichts anderes gemacht, als sehr schmutzige Böden zu scheuern und viele ähnliche Haushaltsarbeiten; letzte Nacht aber habe ich per Post ein Manuskript mit 70 eng beschriebenen Seiten erhalten, dass das analytische Gegenstück zu meiner letzten geometrischen Arbeit bildet. Natürlich muss ich es lesen. Es ist der zweite Versuch und wurde nur geschrieben, weil mir die erste Version nicht gefiel. Ich bin aber solch eine Niete, was die analytische Arbeitsweise betrifft, dass ich sowieso nicht annehme, dass mir diese Version besser gefallen wird.[46]

Das einzige öffentliche Auftreten, das Alicia Boole Stott gehabt zu haben scheint, ist durch ein Referat dokumentiert, das im *Report of the British Association for the Advancement of Science* erschien. Dieses Referat wurde vermutlich[47] auf dem jährlichen Treffen der Gesellschaft 1907 gehalten, das in Leicester vom 31.7. bis zum 7.8. stattfand. In dem zugehörigen Report gibt es einen viertelseitigen Beitrag „On Models of Three-dimensional Sections of Regular Hypersolids in Space of Four

---

[44] Bei diesen stoßen mehrere Arten von regulären Körpern in einer Ecke zusammen.

[45] Eine Übersicht zu diesen gibt Polo-Blanco 2007, S. 157 – 158.

[46] [...] I have not done anything more interesting than staining very shappy floors and much like homehold thing for some time; but last night I received by post a M.S. of 70 very closely written pages containing an analytical counterpart of my last geometrical paper. Of course I must read it. It is the second attempt and was only written because I did not like the first but I am such a duffer at analytical work anyhow that I don't suppose I shall like this very much better. (Zitiert bei Polo-Blanco 2008, S. 140)

[47] Es lässt sich nicht definitiv klären, ob Alicia Boole Stott tatsächlich anwesend war; wenn, dann wohl in Begleitung von Schoute. Ich danke June Barrow-Green (London) für ihre Hinweise in diesem Kontext.

Dimensions" by Mrs. A. Boole Stott. Bemerkenswert ist auch hier der Bezug zu den konkreten Modellen.

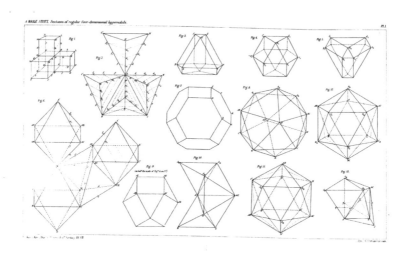

Abbildung 6. Schnitte durch Polytope (Bildtafel 1, Boole Stott 1910)

... Frau Stott führte die verschiedenen Schnitte, die man erhalten kann, mit Hilfe von Modellen aus unterschiedlich gefärbtem Karton vor. Auf diese Art und Weise veranschaulichte sie die Lage der verschiedenen Regionen der berandenden Körper in Bezug auf die zentrale Achse. Sie zeigte auch Modelle, die die raumerfüllende Eigenschaft eines dreidimensionalen Schnitts einer beliebigen Menge von regulären Polytopen, die den vierdimensionalen Raum ausfüllen, veranschaulichten. Schließlich führte sie Modelle vor, die die Drehung eines vierdimensionalen Körpers um eine Ebene mit Hilfe der Schnitte mit einem Raum, der diese Ebene enthält, erläuterten. Professor Schoute zeigte einige Dias zu diesem Thema. (Boole Stott 1908)[48]

---

[48] ..., Mrs. Stott exhibited the different kinds of sections that may be obtained by models of cardboard differently coloured, so as to show the position of the different regions of bounding bodies with respect to the central axis. She also exhibited models illustrating the space-filling properties of a three-dimensional section of any set of regular polytopes filling space of four dimensions. Also models illustrating the rotation of a four-dimensional body about a plane by the sections of it, with a space containing that plane. Professor Schoute showed some lantern-slides in connection with the subject.

Der Sinn fürs Konkrete, in der Mathematik nach 1900 eher mit abnehmender Wertschätzung verbunden, kam in Boole Stott's Publikationen auch dadurch zum Ausdruck, dass diese von sehr schönen und ausführlichen Figurentafeln begleitet wurden (vgl. Abbildung 6). Alicia Boole Stott war also einerseits ihrer Zeit als wissenschaftlich arbeitende Frau voraus, andererseits vertrat sie ein Paradigma, die am Konkreten und Anschaulichen interessierte Mathematik, das im 20. Jh. lange Zeit stark ins Hintertreffen geriet – verdrängt durch die sogenannte moderne Mathematik und die strukturelle Sichtweise. Hätte es zu jener Zeit schon Diskussionen über das angeblich schlecht entwickelte weibliche Raumanschauungsvermögen gegeben, so wäre sie ein paradigmatisches Gegenbeispiel gewesen. Insgesamt liefert Alicia Boole Stott ein bemerkenswertes Beispiel für das Phänomen der Gleichzeitigkeit des Ungleichzeitigen und einen Beleg dafür, was Außenseiter – ein solcher war sie als Frau ohne formale Bildung und Qualifikation - zu einer Wissenschaft beitragen können.

5. Der Zöllner-Skandal

Eine der bemerkenswertesten Geschichten, die sich um die vierte Dimension ranken, ist der um 1880 herum von Karl Friedrich Zöllner (1834 – 1882) im deutschsprachigen Raum ausgelöste Skandal, auf den wir jetzt eingehen wollen. Das reichlich abstrakt und wirklichkeitsfremd anmutende mathematische Konzept eines vierdimensionalen Raumes wurde plötzlich dank Zöllners „geometrisiertem Spiritismus" – wie ich seine Lehre kurz nennen möchte - zum Tagesgespräch, ein Phänomen, das die Mathematik nur selten erlebt hat. Der bereits erwähnte Viktor Schlegel bemerkte hierzu:

> Wenn nun trotzdem in verhältnismässig kurzer Zeit Begriffe wie „vierte Dimension des Raumes" und „vierdimensionaler Raum" nicht nur in der Wissenschaft sich eingebürgert, sondern sogar die Aufmerksamkeit des grossen Publikums, welches doch sonst von den Spekulationen der reinen Mathematik sich fernzuhalten pflegt, in dem Masse auf sich gezogen haben, dass sie ihm trotz ihrer Rätselhaftigkeit wenigstens geläufige Ausdrücke geworden sind, so drängen sich von selbst die Fragen auf: [. . .][49]

---

[49](Schlegel 1888, S. 4)

Nach 1880 hatte sich die vier- und höherdimensionale Geometrie innermathematisch etabliert, mit der Bestimmung der regulären Polytope war der Nachweis geleistet, dass man auch in ihr genuin geometrische Probleme lösen konnte; mit den materialen Modellen und geschickten Darstellungen wie den Schlegel-Diagrammen war zudem eine gewisse Anschaulichkeit erreicht: so weit, so gut. Andererseits aber sorgte die vierte Dimension für großes Aufsehen, das bis in die Tagespresse reichte, und geeignet erschien, die Wissenschaftlichkeit des Gebietes zu gefährden. Es ging dabei um den Spiritismus, eine breite Zeitströmung damals, die vor allem in Abbott's Vaterland Großbritannien viele Anhänger – auch unter Wissenschaftlern - fand. Mit diesem ging die Geometrie in den Händen des Leipziger Astrophysikers Friedrich Karl Zöllner eine verhängnisvolle Affäre ein.

Kurd Lasswitz (1848–1910) brachte diese Entwicklung mit der ihm eigenen satirischen Schärfe auf den Punkt:

Prost

Der Faust-Tragödie (n-)ter Teil.

> Von Herrn von Goethe, Exzellenz, durch astrophysikalische Vermittlung aus der vierten Dimension in ein von allen Seiten verklebtes Buch eigenhändig aufgezeichnet. Im spirituellen Auftrag des mathematischen Vereins zu Breslau aufgeschnitten und herausgegeben von Dr. Kurd Lasswitz.[50]

Mit seinen Versuchen, die vierte Dimension heranzuziehen, um spiritistische Phänomene „wissenschaftlich" zu erklären, erregte K. Fr. Zöllner um 1880 großes Aufsehen. Zöllner war Professor an der Universität Leipzig und ein angesehener Naturwissenschaftler, ein Pionier der Fotometrie, noch heute kennt man die Zöllnersche Täuschung in der Sinnesphysiologie, eine visuelle Wahrnehmungstäuschung, bei der von kurzen parallelen Linien schräg gekreuzte Parallelen abwechselnd divergierend oder konvergierend erscheinen. Zöllner konnte man ein Verständnis der von ihm angeführten Mathematik kaum absprechen, u.a. hielt er Vorlesungen zu mathematischen Themen und publizierte zu den noch wenig bekannten Ideen von Bernhard Riemann. Er war eine Autorität, also musste man sich mit seinen Ideen zumindest anfänglich noch ernsthaft auseinandersetzen. Zöllners Ansatz war nur einer,

---

[50]Lasswitz 1883, 312. Mehr zu Lasswitz, einem heute noch vor allem als Science-Fiction-Autor bekannten Kantianer, findet sich im Essay von David E. Rowe unten.

allerdings ein besonders prägnanter, von vielen im Spannungsfeld von Wissenschaft und Spiritismus oder Okkultismus seinerzeit.[51] Zöllners „geometrisierter Spiritismus" wollte die für diese Lehre charakteristische Beschwörung von Geistern und die von diesen vollbrachten Taten mit Hilfe geometrischer Konzepte erklären — ein Alleinstellungsmerkmal. Andere Wissenschaftler — etwa der britische Chemiker William Crookes (1832–1919) — nahmen zur Erklärung spiritistischer Phänomene hingegen neue Kräfte oder Ähnliches an, Dinge also, die die Mathematik höchstens streiften. Festzuhalten ist, dass der Spiritismus gerade in Abbotts Heimat namhafte Naturwissenschaftler zu seinen Anhängern zählen konnte wie den Chemiker W. Crookes, den Astronomen W. Huggins und den Mathematiker A. de Morgan.[52] Auch Conan Doyle (1859–1930), der allseits bekannte Verfasser der Sherlock Holmes Romane, war ein Anhänger des Spiritismus – trotz der sehr rationalen kriminalistischen Vorgehensweise seines Protagonisten. Das führte zum Zerwürfnis mit seinen Freund Harry Houdini (1874–1926), dem wohl bekanntesten Zauberkünstler seiner Zeit, der alle übernatürlichen Erklärungen von spiritistischen Séancen ablehnte und der sich an ihrer Aufklärung beteiligte.[53] Zöllner war ein streitbarer, mit viel Sendungsbewusstsein ausgestatteter Charakter. Er kämpfte gegen den damals neuen Typ von Naturwissenschaftler, der nach Professionalisierung und Kooperationen mit der Industrie sowie anderen außeruniversitären Institutionen strebte, um kostspielige Labore u. ä. finanzieren zu können. Diese uns heute so wohlvertraute Entwicklung betrachtete er als eine Art Korruption, sein Ideal war der auf Grund von Anspruchslosigkeit unabhängige Gelehrte als Einzelkämpfer. Als Repräsentanten der von ihm bekämpften Richtung galten Zöllner in erster

---

[51] Denkt man an das Auftauchen der Sphäre im Flachland von „Ein Quadrat", so wäre eine geometrische Erklärung à la Zöllner eben die, dass die dreidimensionale Sphäre durch eine Ebene hindurch wandert, sie also in verschiedenen Positionen geschnitten wird. Eine eher physikalische wäre, geheimnisvolle Kräfte anzunehmen, die den Punkt erst zu einem Kreis aufweiten, um ihn dann wieder schrumpfen zu lassen. Henri Poincaré hat gelegentlich ähnliche Ideen von einem mit einem fremdartigen Gas erfüllten Raum verwendet, das dessen Geometrie verändert. Er wollte damit die Verhältnisse einer abweichenden Geometrie, z. B. der hyperbolischen, plausibel zu machen. Auch bei Abbott spielt der Nebel und seine Auswirkungen auf die Wahrnehmung eine gewisse Rolle.

[52] Augustus de Morgan (1806–1871), bekannt vor allem durch seine Beiträge zur Logik, hat sich schon früh – eventuell unter dem Einfluss seiner Frau Sofia – mit dem Spiritismus beschäftigt. Er soll u. a. Crookes in seiner Zuwendung zum Spiritismus beeinflusst haben. De Morgan schrieb über den Spiritismus das Buch „From Matter to Spirit" (1863).

[53] Siehe unten.

Linie die Berliner Wissenschaftler Rudolf Virchow, Emil du Bois-Reymond, Hermann Helmholtz und August Wilhelm Hofmann.

Zöllner engagierte sich in diversen Auseinandersetzungen seiner Zeit, so in der Debatte, ob die Maxwellsche oder die Webersche Behandlung des Elektromagnetismus die richtige sei, und ob es eine Wirkung in der Ferne (Newton) gäbe oder nicht. Zöllner votierte entschieden für seinen Kollegen Weber und begab sich damit auch hier auf die Verliererstraße.[54] Er beteiligte sich auch am Kampf gegen die sogenannte Vivisektion[55]. Philosophisch gesehen war sein Hauptfeind der Materialismus, den es zugunsten eines Idealismus zu bekämpfen galt. Die wichtigsten Philosophen für Zöllner waren Platon, Kant und Schopenhauer. Hinzu kam ein immer stärker werdender Antisemitismus[56], 1880 initiierte Zöllner mit anderen die sogenannte Antisemitenpetition an Reichskanzler Bismarck, in der die Rücknahme der formal-rechtlichen Gleichstellung der Juden verlangt wurde (vgl. Treitel 2004, S. 278 n. 48).

Damit lag Zöllner durchaus im Trend seiner Zeit: Nach der Euphorie der Reichsgründung und des anschließenden Gründerbooms nahm der Antisemitismus in den Jahren der dem Gründerkrach geschuldeten Depression (etwa 1873–1880) in Deutschland zu. Übrigens waren auch frauenfeindliche Töne dem lebenslangen Junggesellen Zöllner nicht ganz fremd.

6.   Der geometrisierte Spiritismus Zöllners

Den letzten Schritt aus der Welt der Wissenschaft hinaus in die Pseudowissenschaft hinein tat Zöllner etwa 1877 – beginnend mit einem mehrbändigen Werk, dem er ausgerechnet den Titel „Wissenschaftliche Abhandlungen" gab (Zöllner 1878, 1879). Die Texte dieser Bücher, die den Standards für wissenschaftliche Abhandlungen entgegen des Titels nur selten entsprechen, sind stark geprägt von Zöllners Begegnung mit „Mister Henry Slade, einem Gentleman". Slade lieferte nämlich in Zöllners Augen, das, wonach letzterer gesucht hatte: die empirische Bestätigung für die Existenz der vierten Dimension – ähnlich wie das Auftauchen

---

[54]In dieser Diskussion ging es hauptsächlich darum, ob Webers Gesetz für die Elektrodynamik den Energieerhaltungssatz erfülle. Ein einflussreicher Kritiker Webers in Deutschland war Helmholtz.

[55]Das brachte ihn u.a. in Widerspruch zu seinem Leipziger Kollegen, dem bekannten Mediziner Carl Ludwig (1816 – 1895); vgl. Ludwig 1879.

[56]Vgl. hierzu Meinel 1991, der mehrmals auf diesen Aspekt eingeht. Posthum erschien 1894 im Verlag Mutze unter Zöllners Namen das Pamphlet „Beiträge zur deutschen Judenfrage, mit akademischen Arabesken".

der Kugel für „ein Quadrat" die dritte Dimension erfahrbar machte. Für die Zeitgenossen Zöllners stellte sich die knifflige Frage, wo hört der Wissenschaftler Zöllner auf und wo fängt er an, Pseudowissenschaft zu betreiben? Wo liegt die rote Linie, die das eine gegen das andere abgrenzt? Bei einem Autor, der über keine wissenschaftliche Reputation verfügte, hätte man sich das wohl kaum fragen müssen, bei einer Autorität aber schon. Zudem muss man bedenken, dass diese Grenze fließend ist: Was heute noch als Pseudowissenschaft gilt, kann morgen schon zur Wissenschaft zählen und umgekehrt.[57]

Im Spätherbst 1877 traf Henry Slade (1836 – 1905) von Berlin kommend in Leipzig ein, das fortan zum deutschen Epizentrum des Spiritismus wurde. Zuvor hielt sich Slate, der US-Bürger war, längere Zeit in England auf, wo er wegen Betrugs verurteilt wurde. Er entzog sich vermutlich der Bestrafung durch Abreise. In Zöllners Augen handelte es sich um einen Hexenprozess, dem er viele Seiten in seinen „Wissenschaftlichen Abhandlungen" widmete.

Die Vorführungen Slade's in Berlin hatten wohl nicht ganz das erhoffte Aufsehen erregt, weshalb dieser weiterzog. Allerdings berichtete das „Berliner Fremdenblatt" am 10. November 1877 durchaus wohlwollend über „Das Schreib-Medium" Slade:

> Mr. Slade ist mit seinem Geschäftsführer hier, der seit 12 Jahren mit ihm reist. Zwei verwaiste junge Mädchen, die der Geschäftsführer[58], ein würdiger alter Herr, an Kindesstatt angenommen (das eine ist eine Nichte des Hrn. Slade) ergänzen die jedenfalls interessante Gesellschaft. [...] Mr. Slade, ein Mann, der im März 40 Jahre alt wird, macht den Eindruck eines sehr gutmüthigen, nicht nur überzeugten, sondern von den durch ihn bewerkstelligten Erscheinungen stets auf's Neue überraschten Mannes. Seine Bildung ist allen Anschein nach eine sehr oberflächliche. Sein Vater war Farmer, und schon in früher Kindheit zeigten sich Hallucinationen. Auch seine Mutter war mit der Krankheit der Hallucination behaftet, wie er sagt. Mr. Slade war verheiratet, ist jetzt Wittwer und muß, wie er sagt, bei seiner Unfähigkeit, in irgendeiner Weise anhaltend zu arbeiten, seine Fähigkeit, ein spiritistisches Medium zu sein, dazu verwerthen, seinen

---

[57]Beispiele hierfür werden wir noch sehen.

[58]Er hieß Simmons (so der Artikel im Neuen Reich, siehe unten). Das Hotel, in dem Slade abgestiegen war, soll von seinen Anhängern geradezu belagert worden sein.

Unterhalt zu verdienen. Er geht nicht darauf aus, Reichthümer zu erwerben, sondern will nur leben. Darum behandelt er den Geldpunkt sehr diskret und gar Mancher geht von ihm, ohne es auch nur zu wagen, ihm Geld anzubieten; denn er fordert kein Eintrittsgeld und überläßt es ganz dem Zartgefühl jedes Einzelnen auf seine im Grunde beklagenswerthe Arbeitsunfähigkeit Rücksicht zu nehmen. Dabei ist er weit davon entfernt, ein Mitleid erregendes Gebahren an sich zu haben. Er macht den Eindruck eines wirklichen Gentleman.

Die Darbietung des Mediums bestand darin, auf einer vollständig verpackten, heißt, von außen unzugänglichen Schieferplatte Schriftzüge erscheinen zu lassen. Ähnliche Vorführungen drehten sich um das Verschwinden bzw. Auftauchen eines Objektes in einem verschlossenen Behältnis. Dahinter steckte für Zöllner die Tatsache, dass das Innere eines dreidimensionalen abgeschlossenen Körpers, etwa eines Quader, von der vierten Dimension aus problemlos zugänglich ist. Analoge Phänomen eine Dimension tiefer – Traum eines jeden Gefangenen in Flachland - werden ja auch bei Abbott ausführlich geschildert und von „Ein Quadrat" erlebt.

Zöllner ergriff die willkommene Gelegenheit, um die von ihm bereits angedachten Experimente, mit denen er die Existenz der vierten Dimension und die Möglichkeit ihrer Nutzung nachweisen wollte, mit Slade durchzuführen. Dabei ging es Zöllner um Vorgänge in unserer dreidimensionalen Welt, die sich (seiner Ansicht nach nur) unter Berufung auf eine vierte Dimension erklären lassen: neben dem bereits erwähnten Verschwinden oder Auftauchen von Gegenständen in geschlossenen Behältnissen vor allem um das Lösen von Knoten, deren Enden fixiert sind. Hintergrund ist, dass es möglich ist, solche Knoten mit Hilfe der vierten Dimension aufzulösen – natürlich ohne die Enden freizumachen und ohne das Seil zu zerschneiden, also ohne „gordische Auflösung"[59]. Der tschechische Mathematiker Heinrich Durège (1821 – 1893) hat diesem damals erst seit kurzem bekannten Phänomen 1880 eine ausführliche Abhandlung gewidmet, der er folgende Abbildung (vgl. Abbildung 7) beigab.

Die Idee ist einfach: Will man den Knoten lösen, so muss man einen Teil des Seils, der unterhalb eines anderen Teils desselben liegt, nach oberhalb bringen. Weil dreidimensional keine Möglichkeit besteht, den fraglichen Teil des hinderlichen Seils zu umgehen, müsste man

---

[59]So hieß die Dissertation von Hilmar Wendt 1937 bei W. Threlfall in Halle a. d. S.; vgl. Wendt 1937

durch diesen hindurchgehen, bräuchte also die Möglichkeit einer Durchdringung. Vierdimensional aber kann man den trennenden Teil umgehen – gewissermaßen nach dem Slogan „nicht nach oben, sondern in die vierte Dimension". Man bemerkt, dass sich das Analogon der Devise von „Ein Quadrat" mangels sprachlicher Mittel nicht so griffig formulieren lässt: die Grenzen unserer Sprache als Grenzen unserer Welt – frei nach Wittgenstein. Aber auch „Ein Quadrat" hat das ja festgestellt.

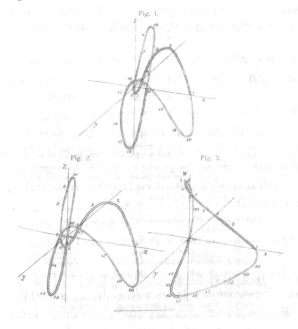

Abbildung 7. Entknoten im vierdimensionalen Raum (Durège 1880, S.145)

Konsequenterweise versuchte Ch. H. Hinton, der Philosoph der vierten Dimension, von dem noch die Rede sein wird[60], unsere Sprache zu erweitern, indem er die Wörter „ana" und „kata" einführte, um die Richtung der vierten, zu den drei üblichen Dimensionen senkrechten Dimension mit ihren beiden gegensätzlichen Orientierungen (analog zu vorwärts/rückwärts etc.) zu benennen. Erfolg war ihm damit allerdings nicht beschieden.

Woher wusste Zöllner von der Tatsache, dass sich Knoten im vierdimensionalen Raum lösen lassen? An vielen Stellen seines Werkes zeigte Zöllner durchaus gute Kenntnisse der damals aktuellen Mathematik, Riemann war wie bereits erwähnt einer seiner Favoriten. In seinem Buch „Über die Natur der Kometen" (1870) hatte Zöllner

---

[60]Vgl. Abschnitt 11 unten.

vorgeschlagen, mit einem positiv gekrümmten Raum zu arbeiten, um Probleme wie die Olberssche Paradoxie zu vermeiden. Aber die Erkenntnis, dass man Knoten im Vierdimensionalen auflösen kann, gehörte in den 1870iger noch keineswegs zum Allgemeingut der Mathematik; auch in Veröffentlichungen sucht man (fast) vergeblich. Die Spur führt hier zu Felix Klein (1849-1925), von 1880 bis 1885 Professor der Mathematik an der Universität Leipzig und damit Kollege von Zöllner.

In seinen „Vorlesungen über die Entwicklung der Mathematik im 19. Jh.", gehalten im Ersten Weltkrieg, publiziert aber erst posthum 1926 (erster Band) bzw. 1927 (zweiter Band), berichtet F. Klein:

> Sehr merkwürdig aber mag es erscheinen, daß ich selbst, natürlich ohne eine Ahnung dieser Wirkung, den Anlaß zu Zöllners entschlossener Wendung zum Spiritismus gegeben habe. Es war Mitte der 70er Jahre als der bekannte amerikanische Spiritist Slade, eine äußerst geschickter Taschenspieler – der übrigens einige Jahre später entlarvt wurde – seine berühmten Sitzungen abhielt, die allgemein viel Aufsehen erregten. Kurz vorher hatte ich Zöllner gelegentlich eines wissenschaftlichen Gespräches von Resultaten erzählt, die ich über verknotete geschlossen Raumkurven gefunden und im Bd. 9 der math. Annalen veröffentlicht hatte ([. . .]). Es war dies die Tatsache, daß das Vorhandensein eines Knotens als eine wesentliche d. h. gegen Verzerrungen invariante Eigenschaft einer geschlossenen Kurve nur insofern betrachtet werden kann, als man sich im dreidimensionalen Raum bewegt; im vierdimensionalen Raume hingegen läßt sich eine geschlossene Kurve von einem solchen Knoten durch bloße Verzerrung befreien; . . . (Klein 1926, S. 169 – 170.)

Dieser Bericht wird von Zöllner selbst bestätigt. Im ersten Band seiner „Wissenschaftlichen Abhandlungen" (1878) liest man:

> Ich selbst wurde zu den obigen Betrachtungen über die Verschlingungen eines biegsamen Fadens in verschiedenen Räumen durch mündliche Unterhaltungen mit Herrn Dr. Felix Klein, Professor der Mathematik in München, angeregt. (Zöllner 1878, S. 276)[61]

---

[61] Klein war von 1875 bis 1880 Professor am Polytechnikum in München, danach wechselte er nach Leipzig, wo er bis 1885 blieb.

Schaut man sich die von Klein in seinen „Vorlesungen" erwähnte eigene Arbeit aus dem Jahre 1873 an, so findet man darin nur einen recht kryptischen Hinweis auf die Tatsache, dass Knoten im vierdimensionalen Raum immer gelöst werden können. P. G. Tait teilte am Ende seiner fundamentalen Arbeit „On knots" (1879) lapidar mit: „Klein selbst machte die sehr ungewöhnliche Entdeckung, dass es im vierdimensionalen Raum keine Knoten geben kann". (Tait 1879, S. 190)[62] Tait bezog nach seinen Angaben sein Wissen aus einem Brief, den Klein ihm geschickt hatte.[63]

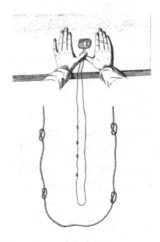

Abbildung 8. Der von Slade verknotete geschlossene Faden (Zöllner 1878a, zwischen S. 234 und S.235)

Immerhin waren aber Kleins mündlichen Erläuterungen anscheinend klar genug, um Zöllner auf die Idee seines Knotenexperiments zu bringen. Ob Klein aber wirklich, wie er behauptet, Zöllners Wendung zum Spiritismus gefördert hat, scheint zweifelhaft. Eher dürfte es umgekehrt gewesen sein: Zöllner hatte diese Wendung schon vollzogen und suchte nun nach möglichen Bestätigungen für seine bereits gefassten spiritistischen Überzeugungen. Und da war ihm Kleins Hinweis sicher willkommen.

Zöllner berichtete erstmals über die Ergebnisse seiner Sitzungen mit Slade in einem Aufsatz „On space of four dimensions", der 1878 in der von Crookes heraufgegebenen Zeitschrift *Quaterly Journal of Science* in England

---

[62]Klein himself made the very singular discovery that in space of four dimensions there cannot be knots..

[63]Es geht aus dem Text von Tait nicht hervor, wann er den fraglichen Brief von Klein bekommen hat. Tait verweist im Übrigen auf dessen Publikation in den Mathematischen Annalen von 1873.

erschien. Eine Englandreise hatte bei Zöllners Wende zum Spiritismus eine wichtige Rolle gespielt.

Ausführlich und mit voller Dramatik ging Zöllner dann auf die Experimente mit Slade im zweiten Band seiner „Wissenschaftlichen Abhandlungen" (in zwei Teilen) ein, der ebenfalls 1878 erschien. In der folgenden längeren Passage schildert er das Knotenexperiment (vgl. Abbildung 8), seiner Ansicht nach das *experimentum crucis*, das alles entscheidende Experiment also, für den Nachweis der Existenz der vierten Dimension. In einer ersten Serie wurden 16 Experimente mit Slade durchgeführt, u.a. auch eines, bei dem Fußspuren auf Blättern auftauchten, die verklebt waren. Die einleitenden Zeilen des folgenden Zitats erinnern stark an die Klage, welche „Ein Quadrat" einige Jahre später führen wird:

> Da es mir hierbei im Wesentlichen darauf ankam, „Die Beschränktheit der Begriffe" meiner Zeit- und Fachgenossen zu beseitigen, damit durch sie „der Fortschritt im Erkennen des Zusammenhangs der Dinge nicht durch überlieferte Vorurtheile gehemmt wird", so sei es mir hier gestattet zur leichteren Erreichung dieses Zweckes noch einige Bemerkungen hinzuzufügen, welche sich auf die Bedingungen beziehen, unter denen in Gegenwart des Amerikaners Henry Slade am 17. December 1877 die a. a. O. beschriebenen 4 Schlingen in einem einfachen Bindfaden, dessen Enden durch ein Siegel verschlossen waren, entstanden sind.
>
> Wie schon oben bemerkt, betrug die Dicke des neuen und festen, von mir selbst gekauften und aus Hanf bestehenden Bindfadens ca. 1 Millimeter; die Länge des einfachen Fadens, bevor die Schlingen in demselben geschürzt waren, betrug ca. 148 Centimeter, also die Länge des mit seinen Enden verbundenen Fadens 74 Centimeter. Diese Enden wurden vor Anlegung des Siegels durch einen gewöhnlichen Knoten fest zusammengeknüpft, alsdann die etwa 1,5 Centimeter langen freien Enden des Knotens auf ein Stück Papier gelegt und auf demselben mit gewöhnlichem Siegellack derartig fest gesiegelt, dass der Knoten gerade noch am Rande des nahe kreisförmigen Siegels sichtbar ist. Alsdann wurde das Papier rings um das Siegel abgeschnitten, [...]
>
> Die beschriebene Versiegelung von zwei solcher Bindfäden mit meinem Petschaft fand am Abende des 16. Dec. 1877

um 9 Uhr in meiner Wohnung unter den Augen mehrerer Freunde und Collegen von mir selbst statt, und zwar nicht in Gegenwart von Hrn. Slade. Zwei andere Bindfäden von derselben Beschaffenheit und Grösse wurden erst am andern Morgen den 17. December um $10\frac{1}{2}$ Uhr von Wilhelm Weber, in seiner eigenen Wohnung und mit seinem Petschaft versiegelt. Mit diesen vier versiegelten Bindfäden begab ich mich alsdann in die benachbarte Wohnung eines meiner Freunde, welcher die Güte gehabt hatte, Hrn. Slade über 8 Tage als Gast in seinem eigenen Haus aufzunehmen, um ihn, dem grossen Publicum gänzlich entzogen, lediglich mir und meinen Freunden im Interesse der Wissenschaft mit größter Liberalität zur Verfügung zu stellen.

Die betreffende Sitzung fand unmittelbar nach meiner Ankunft in dem Wohnzimmer meines oben erwähnten Freundes statt. Unter den 4 versiegelten Bindfäden wählte ich mir selbst einen aus, und um ihn, bevor wir uns an den Tisch gesetzt hatten, nie aus den Augen zu verlieren, legte ich mir denselben derartig um den Hals, dass das Siegel auf der Vorderseite meines Körpers herab hing und stets von mir beobachtet wurde. Während der Sitzung, in der Slade zu meiner Linken sass, behielt ich das unveränderte Siegel stets vor mir. Herrn Slade's Hände waren jederzeit frei sichtbar; mit der Linken fasste er sich öfter, über schmerzhafte Empfindungen klagend, an die Stirn, mit der Rechten hielt er ein kleines, zufällig im Zimmer befindliches, hölzernes Brett unter den Rand der Tischplatte. Der herabhängende Theil des Fadens lag zwar unbeobachtet auf meinem Schoosse, aber die das Brett haltende Hand Slade's blieb mir stets sichtbar.

Ein Verschwinden oder eine Gestaltänderung der Hände des Hrn. Slade beobachtete ich nicht; er selbst machte einen durchaus passiven Eindruck, so dass wir nicht behaupten können, Hr. Slade habe durch seinen bewussten Willen jene Knoten geknüpft, sondern nur, dass sie in seiner Gegenwart unter den angegebenen Verhältnissen ohne sichtbare Berührung des Bindfadens und in einem durch volles Tageslicht erhellten Zimmer entstanden sind.

Wer würde bei so viel Präzision in Zöllners Bericht noch einen Schwindel für möglich halten? Natürlich erfordert die Zöllnersche

Erklärung, sein geometrisierter Spiritismus, noch viel mehr als nur die Existenz einer vierten Dimension. Sie unterstellt nämlich, dass Medien wie Slate in der Lage seien, diese vierte Dimension zu nutzen. Oder aber, dass sie es vermöchten, intelligente unsichtbare Wesen, denen alle vier Dimensionen zugänglich sind, zu entsprechenden Handlungen zu bewegen. Um die Glaubhaftigkeit seiner Darstellung zu erhöhen, führte Zöllner die Reputation der bei den Versuchen anwesenden „Kollegen" an. Fechner, der anfänglich skeptisch den spiritistischen Aufführungen gegenüberstand, ließ sich durch seinen Kollegen Wilhelm Scheibner (1826 – 1908), seines Zeichens Professor für Mathematik an der Leipziger Universität, überzeugen.[64] Die Autoritäten stützten sich gegenseitig.

Als Erklärung des Sladeschen Experiments gilt, dass der unverknotete Faden unbemerkt gegen einen verknoteten ausgetauscht wurde, also ein typischer Taschenspielertrick. In der „Gartenlaube", seinerzeit eine vielgelesene Zeitschrift für die Familie, die als Vorläufer der modernen Illustrierten gilt, hieß es dazu durchaus polemisch:

> Das vierdimensionale Wesen aber, welches die Knoten hervorgebracht hatte, war tellurischen Ursprungs und kein anderes als der dreidimensionale Slade, welcher den leipziger Professor nach allen Dimensionen behumbugte und den größten Knoten nicht in den Faden, sondern in Zöllner's Gehirn legte. Slade hätte dem Professor auf Wunsch einen Faden mit hundert Knoten unter und auf den Tisch zaubern können.

> Das Kunststückchen mit dem verschlungenen Faden ohne Ende sah ich im Jahre 1864 einen Neger in der Nähe von Memphis produciren. In Deutschland wurde es, so höre ich, zum letzten Mal von den Davenports[65] gezeigt und dann, da man es für veraltet ansah, durch den Mann im Sack ersetzt, [...] so siegelt man bei dem Faden ohne Ende scheinbar die beiden Enden des nicht verschlungenen Fadens fest, tatsächlich aber die Ende des bereits verknoteten Fadens,

---

[64]Vgl. Heidelberger 1993, S. 95, wo sich auch viele weitere Informationen zum Leipziger Spiritismus finden. Fechners Haltung gegenüber spiritistischen Phänomenen scheint letztlich zwiespältig geblieben zu sein. Zudem war er fast erblindet, also als Augenzeuge nur beschränkt glaubwürdig.

[65]Die Gebrüder Davenport waren ein US-amerikanisches Magierduo, bestehend aus Ira Eratus Davenport (1839 – 1911) und William Davenport (1841-1877), das vor allem in den USA, von 1864 bis 1868 auch in Europa, ähnliche Vorführungen anbot wie Slade und auch wie dieser von Spiritisten für ihre Sache eingespannt wurde.

dessen Fortsetzung der Taschenspieler im Aermel hält. Je emsiger der Zauberkünstler nun bei Händeauflegen darauf dringt, daß Jedermann sich von der Tatsache überzeuge, alles gehe ehrlich zu, um so leichter wird es ihm sein, die Beteiligten zu täuschen. Das Experiment bietet dem Prestidigateur nur eine Schwierigkeit und die beruht darin, daß in dem Augenblick, wo er den unverschlungenen Faden anscheinend dem naiven Mitwirkenden auf den Schooß legt, er diesen Faden einzieht und den verschlungen niedergleiten lässt. Diese Schwierigkeit überwindet Slade leicht, da er das Talent besitzt, die Blicke des Zuschauers auf Nebensächliches zu lenken, während er seinen Hauptcoup ausführt.

Und aus einer solchen Täuschung, welche einem hiesigen Assistenten — wie man mir mittheilt — vor einer großen Hörerzahl ebenso glänzend gelang, wie dem amerikanischen Taschenspieler, leitet Herr Prof. Zöllner die reale Existenz seiner vierdimensionalen Welt und vierdimensionaler Wesen ab.[66]

Der letzte Satz bezieht sich vermutlich auf eine Demonstration verschiedener Tricks – u.a. des Zöllner-Sladeschen Knotens - in der Schlusssitzung der Versammlung der physiologischen Gesellschaft zu Leipzig am 9. März 1878. Dort zeigte ein gewisser Dr. Christiani, „Assistent der physikalischen Abteilung des physiologischen Instituts der Universität Berlin"[67] und – modern gesprochen – Hobbyzauberer, „stets bei hellster Beleuchtung und in Gegenwart einer großen Anzahl von wissenschaftlichen Beobachter", dass die Sladeschen Tricks „auf natürlichem Wege zu einer für den Zuschauer unbegreiflichen Lösung gelangen können".[68] Bemerkenswert hieran ist, dass sich eine wissenschaftliche Gesellschaft dazu entschloss, eine derartige Demonstration in ihr Programm aufzunehmen – offenbar war ihre Meinung nach Gefahr in Verzug.

---

[66]Vgl. Elcho 1878. In einem anderen Artikel (Elcho 1878a) in der „Gartenlaube" erklärte Elcho auch, wie die beschrifteten Tafeln in Slade's Vorführungen zustande kamen. Um dies aufzuklären setzte Echlo seine Frau – modern gesprochen – als Undercover-Agentin ein, die an Slade's Séancen teilnahm.

[67]Preyer 1879, S. 92. Für Zöllner kam Christiani somit direkt aus dem Hauptquartier des Gegners.

[68]Preyer 1879, S. 90 – 91. Preyer hält noch fest, dass die Aufführung „auf dringendes Ersuchen mehrerer wissenschaftlich hochgestellter Persönlichkeiten" (Preyer 1879, S. 91) stattgefunden habe. Auf Grund der beruflichen Stellung von Christiani liegt es nahe, bei den hochgestellten Personen an Helmholtz und/oder du Bois-Reymond zu denken.

Zöllners Schriften hatten einen enormen Umfang, sie waren geradezu chaotisch und mischten munter eigene Ausführungen mit längeren Texten von anderen Autoren, mit Zeitschriftenartikeln und allem Möglichen – kurz: sie waren ungenießbar. Um hier Abhilfe zu schaffen und Zöllners wertvolle Erkenntnisse einem breiten Publikum zugänglich zu machen, veranstaltete Dr. med. Rudolf Tischner[69] aus München eine Art Volksausgabe von Zöllners Werken: 1922, also gut vierzig Jahre nach dem Zöllner-Skandal, erschien seine Schrift „Vierte Dimension und Okkultismus von Friedrich Zöllner" im Verlag Oswald Mutze[70] Dieser war gewissermaßen der Hausverlag des deutschen Spiritismus, er ist uns schon mehrfach begegnet. Tischners Buch enthält eine Auswahl von Passagen aus Zöllners „Wissenschaftlichen Abhandlungen", um so dem Leser das Wesentliche knapp zu präsentieren, frei von der „scharfen Polemik und langen Abschweifungen" (Tischner 1922, S. V) des „Feuerkopfs" (Tischner 1922, S. VII) Zöllner. Hinzu kommt eine kurze Einleitung, in der Tischner Zöllner u. a. gegen den Vorwurf der Geisteskrankheit (wie man damals zu sagen pflegte), trotz „großer Erregbarkeit" (Tischner 1922, S. VIII), verteidigte. Ein etwas längeres Nachwort fasste Ausführungen Zöllners zusammen. Zum experimentellen Nachweis der vierten Dimension heißt es bei Tischner:[71]

> Zum Beweise für das Vorhandensein einer vierten Dimension lassen sich folgende Versuche und Erscheinungen verwerten: das Knotenexperiment, das mit dem Lederriemen, das mit dem Darmring und den Holzringen, der Fußabdruck in der geschlossen Doppeltafel, das Erscheinen des Papierbogens in der versiegelten Doppeltafel, das Verschwinden eines Thermometerfutterals, eines Buches, eines Tisches, das Herabfallen eines Stückes Holz und Steinkohle, der Sprühregen und die Lichterscheinungen. Dazu kommen das Durchdringen einer Muschel durch den Tisch, das Verschwinden der Münzen aus den Schachteln und Erscheinen der Griffel in ihnen, das Schreiben durch den Tisch auf der unteren Tafel. Ein großer Teil dieser Erscheinungen läßt sich, das sei schon hier gesagt, auch anders erklären, nämlich vermittels der „Durchdringung der Materie". (Tischner 1922, S. VIII)

---

[69]Tischner war Autor mehrerer Werke zum Spiritismus, u.a. von „Einführung in den Okkultismus und Spiritismus" (München, 1921).

[70]Neuauflage Graz: Geheimes Wissen, 2008.

[71]Tischner verweist bei den einzelnen Versuchen auf die Seiten seines Buches, wo diese beschrieben sind. Diese Verweise wurden hier weggelassen.

Eine beeindruckende Liste. Auch Tischner berief sich wieder auf die Autoritäten, er betonte insbesondere, dass sich weder Fechner noch Weber jemals deutlich von Zöllners Experimenten in der Öffentlichkeit distanziert hätten. Für Tischner gab es keinen Zweifel, dass die Experimente Zöllners und ihre Erklärung im Kern unwiderlegt waren. Die wissenschaftliche Verkleidung hatte sich seit Zöllners Zeiten verändert, die Botschaft aber blieb die gleiche.[72]

7.   Reaktionen auf Zöllner

Zöllners Thesen lösten eine Flut von Publikationen aus – diese machten sie geradezu zu einem Skandal. Dieser hatte vor allem damit zu tun, dass Zöllner ein angesehener Wissenschaftler war, was seinen Ansichten einiges Gewicht verlieh und ihm natürlich den Vorwurf einbrachte, seine Autorität zu missbrauchen. Im Folgenden werden zuerst einige Versuche, sich mit Zöllner gemäß den Regeln der Wissenschaft weitgehend frei von Polemik auseinanderzusetzen, vorgestellt. Der erste dieser Beiträge stammt von Carl Stumpf (1848 – 1936), zu jener Zeit Philosophieprofessor an der Universität Würzburg und Mitbegründer der experimentellen Psychologie.[73] Stumpf identifizierte drei Argumente, welche Zöllner (teilweise schon bevor er mit Slade experimentierte) vorgebracht habe, um die Annahme einer vierten Dimension zu stützen:

Das sogenannte Paradoxon der inkongruenten Gegenstücke

Die Atomtheorie.

Eine Variation der inkongruenten Gegenstücke: „Durch die Existenz einer vierten Dimension wird die jetzt paradox erscheinende Behauptung begreiflich, dass zwei körperlich vollkommene gleichartige Dinge, z. B. die Eizelle eines Menschen und eines Affen, dennoch zwei gänzlich verschiedenen Objecten angehören, deren Projectionen jene Zellen sind." (Stumpf 1878,S. 16)[74]

In unserem Zusammenhang ist vor allem das erste uns wohlbekannte Argument   interessant.   Stumpf   widerlegte   dieses   mathematisch

---

[72]Tischner weist übrigens darauf hin, dass Zöllner „gläubiger protestantischer Christ" gewesen sei und „als solcher sowieso an ein Überleben nach dem Tode glaubte und auch sonst wohl noch Geister annahm" (Tischner 1922, S. VIII).

[73]Ähnlich wie W. Wundt, auf den wir weiter unten zu sprechen kommen werden. Staubermann betont in seinem Artikel (Staubermann 1996), dass die Debatte über die spiritistischen Experimente für das Aufkommen der experimentellen Psychologie wichtig gewesen sei.

[74]Es handelt sich anscheinend um ein Zitat aus einer Publikation Zöllners (leider ohne Beleg).

vollkommen korrekt, indem er darauf hinweist, dass sich aus dieser Tatsache nicht nur eine vierte Dimension sondern unendlich viele Dimensionen ergäben, weil sich das sogenannte Paradoxon in jeder Dimension erneut stellt: Orientierungsumkehr erfordert immer eine zusätzliche Dimension.[75]. Stumpf argumentierte darüber hinaus, dass das Problem der inkongruenten Gegenstücke ein Scheinproblem wäre, da ja ein Vergleich von derartigen Objekten in der Praxis durchaus möglich sei – eine Art Common-sense-Argument:

> Factisch gibt der gemeine Mann nicht bloss ohne vierte Dimension sondern auch ohne geometrische Kenntnisse darüber [gemeint: inkongruente Gegenstücke; K. V.] sein Urtheil ab, also wird es auch möglich sein. (Stumpf 1878, S. 18)

Bezüglich Erscheinungen (wie Verschwinden eines Gegenstandes aus einem verschlossenen Behältnis oder Endknoten/Verknoten einer geschlossenen Schnur), die die Existenz der vierten Dimension angeblich nachweisen würden, kommt Stumpf zu dem klaren Schluss, „dass solche Erscheinungen sich eben factisch nicht zeigen und auch künstlich noch nie und nirgends herbeigeführt werden konnten." (Stumpf 1878, S. 18) Kurz: Alles Schwindel.

An keiner Stelle versuchte Stumpf, Zöllner aus der Wissenschaft auszugrenzen: Er diskutierte – so will es scheinen – seriöse wissenschaftliche Vorschläge. Ein bisschen Erstaunen wird allerdings schon deutlich:

> Auftretend mit solch' ungeheurer Tendenz und angeknüpft an eine der glänzendsten physikalischen Leistungen in unserem Jahrhundert, macht die neue Lehre [Zöllners „Weltanschauung"; K. V.] an die Aufmerksamkeit der Philosophen die höchsten Ansprüche, muss sich aber auch eine in gleichem Masse aufmerksame Prüfung gefallen lassen. (Stumpf 1878, S. 14)

Zumindest teilweise hätte Zöllner dem noch zustimmen können, bevor er mit Slade zu experimentieren begann: Vor seinem Slade-Erlebnis gestand er durchaus noch den spekulativen Charakter seiner Ideen zur vierten Dimension zu. Betreffs der bei Zöllner fehlenden Argumente

---

[75]Genauer gesagt lässt sich Orientierungsumkehr im n-dimensionalen Raum mit Hilfe von orientierungserhaltenden Bewegungen nur erreichen, wenn man eine zusätzliche Dimension hinzunimmt; die Bewegungen erfolgen also im (n+1)-dimensionalen Raum und werden auf den n-dimensionalen eingeschränkt.

äußerte Stumpf sogar die Hoffnung, „vielleicht holt sie Zöllner in einem späteren Bande seines großen Werkes nach" (Stumpf 1878, 24), um dann aber kurz und knapp das Fazit zu ziehen:

> Aber solchen Argumenten[76], wie den hier betrachteten, seinen Intellect zu beugen, darf man Niemanden zumuthen. (Stumpf 1878, S. 24)

Kritik an Zöllner kam auch aus seinem unmittelbaren Umfeld, der Universität Leipzig - nämlich von Wilhelm Wundt (1832 – 1920), der dort seit 1875 Professor der Philosophie war. Anlass für Wundt war ein Artikel in der von H. Ulrici herausgegebenen „Zeitschrift für Philosophie und philosophische Kritik" des Hallenser Philosophen Hermann Ulrici (1806 – 1884) über die Leipziger Auftritte von Slade, in dem Wundt als Augenzeuge benannt wurde. Ulrici ging es vor allem darum, die Vereinbarkeit von Naturwissenschaft und Religion nachzuweisen. In Wundts Artikel, der die Form eines offenen Briefes hatte und als eine Art Flugschrift gedruckt wurde (Umfang: 31 Seiten), fällt auf, dass er direkte Angriffe auf seinen Kollegen Zöllner unterlässt. Dennoch reagierte letzterer beleidigt; er warf Wundt Undankbarkeit vor angesichts der Tatsache, dass er dessen Berufung nach Leipzig unterstützt habe[77] – ein bekanntes Muster akademischer Empfindlichkeit.

Wundt zielte in seiner Kritik hauptsächlich auf den Begriff der wissenschaftlichen Autorität, da die Leipziger Aufführungen in Anwesenheit solcher (Zöllner, Wilhelm Weber, Fechner, Scheibner) stattgefunden hatten. Zöllner und andere argumentierten, dass Aussagen, die von solch wichtigen wissenschaftlichen Koryphäen bezeugt wurden, glaubhaft sein müssten. Wundt konterte: Autorität sei immer auf gewisse Gebiete beschränkt – und keine der bei den Experimenten anwesenden Autoritäten sei für deren Beurteilung qualifiziert gewesen.[78] Zudem kritisierte Wundt die Bedingungen, unter denen die Experimente mit Slade stattgefunden hatten: Es gab bei diesen immer seltsame Effekte wie plötzliche Verdunkelung, laute Geräusche und dergleichen – nach Ansicht der Kritiker natürlich Manöver, um die Aufmerksamkeit der Anwesenden von dem stattfindenden Taschenspielertrick abzulenken. Nach Wundt machten diese den wissenschaftlichen Wert der Experimente in seinen Augen zunichte.

---

[76]Stumpf untersucht in seiner Schrift auch noch die Argumente 2 und 3 von oben, die er ebenfalls für nichtig erklärt.

[77]Vgl. Staubermann 2001, S. 76.

[78]Man beachte: Wundt war einer der Begründer der experimentellen Psychologie, wusste also, wovon er sprach.

Wundts Fazit ist ebenso vernichtend wie nüchtern:

> Was die Experimente betrifft, die ich selber gesehen habe,
> so glaube ich, dass dieselben nicht verfehlen werden
> auf jeden unbefangenen Leser, der jemals gewandte
> Prestigatateurs gesehen hat, den Eindruck gut ausgeführter
> Taschenspielerkunststücke hervorzubringen. (Wundt 1879, S.
> 18)[79]

Schließlich heißt es:

> Darum, hochgeehrter Herr, bleibt mir auch diesen
> Beobachtungen gegenüber keine andere Wahl: ich ziehe
> die Autorität der Wissenschaft der Autorität einiger ihrer
> hochachtbaren Vertreter vor, die diesmal auf einem Gebiet
> beobachtet haben, welches dem Kreise ihrer eigenen
> Forschungen fern liegt. (Wundt 1879, S.19)

Das von Friedrich Zarncke (1825–1891) begründete und
herausgegebene „Literarische Centralblatt für Deutschland", eines
der wichtigsten und angesehensten Referate-Organe seiner Zeit, widmete
der Kontroverse Ulrici/Wundt eine Besprechung mit dem Fazit:

> Herr Wundt hat sich die Mühe gegeben, die Ulricische Schrift
> gründlich abzuthun, … [80]

Im Jahr zuvor hatte das „Centralblatt" die Schrift „Der neue
Spiritualismus. Sein Werth und seine Täuschungen. Eine anthropologische
Studie" (Leipzig: Brockhaus, 1878) von Immanuel Hermann Fichte
(1796–1879), Sohn des bekannten Philosophen und Professor der
Philosophie in Tübingen, besprochen (Spalte 1594–1595). Bezüglich
dessen Versuch, die Idee der Reinkarnation in Arbeiterkreisen populär zu
machen, wurde festgestellt:

> „…er hoffte dadurch ihre Ansprüche auf den jetzt versagten
> Lebensgenuß zu beschwichtigen."

Wie bereits erwähnt, änderte sich die allgemeine Haltung Zöllner
gegenüber mit Erscheinen des ersten Bandes seiner „Wissenschaftlichen
Abhandlungen" (1878) allmählich. Dies mögen zwei Texte belegen, ein

---

[79] Wundt stellt also klar, dass er bei gewissen Séancen anwesend gewesen ist – offensichtlich
also ein gewisses Interesse zeigte. Vielleicht ermittelte er aber auch under cover?
[80] (Literarisches Centrallblatt für Deutschland 1879, Spalte 1032).

unveröffentlichter Text von W. Fiedler und eine Rezension von Peter Guthrie Tait in der britischen Zeitschrift „Nature". Wilhelm Fiedler (1837 – 1912), Professor der darstellenden Geometrie und der Geometrie der Lage am Eidgenössischen Polytechnikum in Zürich (von 1867 bis 1907), hatte mit Zöllner eine sporadische Korrespondenz.[81] Der Entwurf, um den es hier geht, findet sich in Fiedlers Manuskripten in Form eines Fahnenabdrucks mit Korrekturen des Verfassers.[82]. Es ist leider nicht klar, ob und falls ja, wo Fiedlers Text erschienen ist.

> Einen interessanten, zum Theil berechtigten Beitrag zur mathematischen Lehre von der 4. Dimension lieferte Professor Fiedler in einem Schreiben vom 14.2.1882:
>
> Verehrter Herr College!
>
> Anläßlich des Lesens im 1. Band Ihrer wissenschaftlichen Abhandlungen habe ich einige Anmerkungen im Sinne, die ich Ihnen als dankbarer Leser gern mittheilen möchte und die ich auch in Erinnerung an unsere persönliche Begegnung Ihnen glaube mittheilen zu dürfen. Sie beziehen sich natürlich wesentlich auf die Anregungen zur Geometrie, welche in den von mir gelesenen Theilen Ihres Buches enthalten sind, und wenn sie namentlich Punkte betreffen, wo ich nach meiner Beschäftigung mit diesen Dingen Ihnen nicht zustimmen kann oder doch eine andere Auffassung für statthaft d. h. für logisch haltbar halte, so versteht es sich von selbst, daß ich die zahlreichen Punkte der Überstimmung nur der Kürze wegen nicht erwähne und daß ich die Weite und Umsicht Ihrer Kenntniß auch in diesem Gebiete höflich respectire.

Höflich wird der Briefpartner auf die nachfolgenden kritischen Anmerkungen zur vierten Dimension vorbereitet.

---

[81] Im Archiv der ETH finden sich fünf Brief von Zöllner an Fiedler aus der Zeit zwischen Januar 1875 und März 1878 (Bibliothek ETH Hochschularchiv Hs 87 : 1596 – 1600). Anlass dieser Korrespondenz war, dass sich Fiedler Informationen über den kürzlich verstorbenen Physiker Johann Jakob Müller (1846 – 1875) erbat, der, bevor er an das Züricher Polytechnikum ging, in Leipzig gearbeitet hatte. Fiedler als gebürtiger Sachse hatte sicher eine enge Beziehung zu seiner Landesuniversität, an der er selbst 1859 bei Möbius promoviert hatte. Übrigens kommt auch in einigen, im ETH-Archiv befindlichen Briefen an Fiedler anderer Briefpartner der Spiritismus zur Sprache.

[82] Bibliothek-ETH Hochschularchiv Hs 87a: 30. Das fragliche Dokument ist zwei Druckseiten lang, es befindet sich in einem Konvolut von nicht numerierten Papieren Fiedlers.

Ich wende mich zur Geometrie von n Dimensionen, respective von 4 Dimensionen. Im Zusammenhange meiner Vorlesungen habe ich mich wiederholt auch mit diesen Fragen befasst und zwar besonders in Absicht einerseits auf die Ausbildung einer projectivischen Geometrie von n Dim. Und andererseits auf die einer metrischen Geometrie von 4 Dimensionen; denn diese verspricht eine Einsicht in den Organismus der Raumformen vom nächst höheren Standpunkte aus, läßt also gleichzeitig Deutlichkeit und größere Allgemeinheit derselben erwarten, indeß man mit der zu raschen Steigerung der Letzteren die zum Wesen geometrischer Untersuchungen so wesentliche Erste verlieren wird.

Gewiß würde die so zu sagen Umwandlung der symmetrisch-congruenten Raumfiguren[83] einen Raum von 4 Dimensionen erfordern; aber ob wir diese verlangen und ihre Möglichkeit erwarten dürfen? Ich denke wenigstens nicht aus dem Kantischen Grunde von 1786, den Sie p. 224, 248, 504 besprechen. Ich kann in dieser Betrachtung des großen Denkers nur finden, daß ihm eben noch die Unterscheidung des Sinnes in der Geometrie fremd war, welche durch Möbius ausgebildet worden ist, denn der von ihm vermißte Unterschied der Theile symmetrischer Körper unter sich besteht ja in der That als der Gegensatz des Sinnes, in welchem die Endpunkte z. B. einer Fläche die eines Körpers von einer ihr nicht angehörigen Ecke gesehen gedacht und die entsprechenden Ecken der corresp. Fläche des symmetrischen Körpers von der Ecke desselben aus aufeinander folgen.[84]

Im Raume – wenn man so sagen will – von 4 Dimensionen wird man die Symmetrieverhältnisse bereichert gegen die des Raumes von 3 Dimensionen, aber ebenso als specielle Fälle der Involution gleichartiger Gebilde wie in diesem, erhalten und da die Involution auch hier in gewissem Sinne den Übergang von der projectivischen zur metrischen Untersuchung bildet, so verdient sie ganz besondere

---

[83]Gemeint sind damit Kants inkongruente Gegenstücke, also etwa die beiden spiegelbildlichen Dreieckspyramiden von oben.

[84]Hier referiert Fiedler eine Idee zur Erklärung der räumlichen Symmetrie, die auf A. M. Legendre zurückgeht und in dessen „Eléments de géométrie" (1794) entwickelt wurde: Korrespondierende Ecken symmetrischer Körper unterscheiden sich in der Reihenfolge der in ihnen zusammentreffenden Flächen.

Aufmerksamkeit. Das Programm von K. Rudel[85], welches Sie p. 256f besprechen, enthält leider von alledem nichts und hat insofern ehrlich gestanden meine Erwartungen, als ich es zur Hand bekam, vollständig getäuscht, gerade die Anwendung der v. Staudtschen Grundzüge auf die Mannigfaltigkeiten von nur einer Dimension mehr, von der er spricht, fehlt total, und was es enthält, ist wohl durchaus vorher bekannt gewesen, in exakter straffer Form bei Riemann, Helmholtz (Göttinger Nachrichten), in der Form des geistreichen Scherzes bei unserem trefflichen Fechner, wenn ich nicht irre.[86] Die Idee von Gebilden 4, 5, allgemein n-ter Stufe hat in der project. Geometrie längs ihre ausführliche Entwicklung gefunden. Der Verfasser des besagten Programmes hat vielleicht die Anregung zu derselben wesentlich aus Ihrem Cometen-Werk geschöpft. Um die Geometrie zu fördern, bleibt da viel zu thun, wovon das Schriftchen keine Andeutung enthält. Ich glaube, Sie haben ihm unverdiente Ehre angethan. [...]

Zürich, Unterstraß, 14.2.78

W. Fiedler

Fiedler war Zöllner eher wohlgesonnen; er bemühte sich, rein sachlich mit dessen „Wissenschaftlichen Abhandlungen" umzugehen. Wir werden gleich weitere Reaktionen von Mathematikern (Schubert, Schlegel, Crantz) kennenlernen; diese gehen in der Regel über Fiedler hinaus, denn sie werfen Zöllner Missbrauch der Mathematik vor.

Hart und deutlich hingegen ging Peter Guthrie Tait (1831 – 1901) mit Zöllner ins Gericht. Noch im Jahre 1878 veröffentlichte er in der Zeitschrift „Nature" eine Besprechung des ersten Bandes der „Wissenschaftlichen Abhandlungen". Mathematisch gesehen gehörte Tait zu den Vorkämpfern der Quaternionen und zu den Pionieren der Knotentheorie(vgl. Epple 1999); hervorgetreten ist er auch als Koautor von W. Thomson mit dem zweibändigen „Treatise of Natural Philosophy", der von H. Helmholtz ins

---

[85]Es geht hier um die Programmschrift Rudel 1877. Rudel hat später nochmals zur vierdimensionalen Geometrie, insbesondere zur Bestimmung der regulären Polytope, publiziert: vgl. Rudel 1882. Den jährlichen vom Schulleiter herausgegebenen Schulprogrammen, die über das schulische Leben berichteten, also eine Art Rechenschaftsbericht darstellten, wurde meist eine wissenschaftliche Schrift eines Lehrers der Anstalt beigegeben, nicht zuletzt um den wissenschaftlichen Anspruch der entsprechenden Schule – meist Gymnasien - zu unterstreichen.

[86]Gemeint ist vermutlich Fechners Essay „Der Raum hat vier Dimensionen" von 1846; vgl. oben.

Deutsche übersetzt wurde. Tait war keineswegs Spekulationen abgeneigt; das belegt sehr deutlich sein mit dem Physiker Balfour Stewart zusammen geschriebenes Buch „The Unseen Universe or Physical Speculations on a Future State" (1882)[87], das – wie sein Titel schon andeutet – Überlegungen zu einer Wirklichkeit hinter der sichtbaren enthält und ähnlich wie Zöllner Wunder u. dgl. wissenschaftlich erklären möchte. Als Beleg für Taits Tendenzen sei hier eine Passage aus dem Buch von Stewart und Tait zitiert:

> Ebenso wie es einen spezifischen Unterschied auf molekularer Ebene gibt zwischen dem Oberflächenfilm und dem Rest der Masse einer Flüssigkeit, [...] so lässt sich die Materie in unserem gegenwärtigen Universum auffassen als Produkt von Rissen oder Sprüngen der Materie im Unsichtbaren (Unseen). Diese wiederum könnte aus den vierdimensionalen Grenzen der fünfdimensionalen Materie eines höheren Unsichtbaren bestehen und so weiter. (Stewart/Tait 1882, S. 221)[88]

Das übergeordnete Ziel der Autoren Stewart und Tait war, zu zeigen, dass die Erkenntnisse der Naturwissenschaften mit Glaubensgrundsätzen vereinbar seien.

In seiner Auseinandersetzung mit Zöllner kritisierte Tait zum einen dessen Stil, vor allem seine Beleidigungen, Unterstellungen u. ä.:

> Ich muss nichts sagen zu der Behandlung, die Prof. Zöllner anderen Wissenschaftlern angedeihen lässt, mit denen er unglücklicherweise verschiedener Meinung ist: Man vergleiche die imaginäre Hinrichtungsszene (pp. 377 – 412) eines bekannten Physiologen! (Tait 1878, S. 421)[89]

Zum anderen behauptete Tait, dass einige Aussagen Zöllners durch dessen mangelnde Kenntnis des Englischen bedingt seien. So erwähnt er

---

[87] Das Buch erlebte mehrere Auflagen, die erste erschien im Übrigen anonym.

[88] And, just as there is a peculiar molecular difference between the surface-film and the rest of a mass of liquid . [...] – so the matter of our present universe may be regarded as produced by mere rents or cracks in that of the Unseen. But this may itself consist of four-dimensional boundaries of the five-dimensional matter of a higher Unseen, and so on.

[89] „I need say nothing of the treatment which Prof. Zöllner bestows on other scientific men with whom he has the misfortune to disagree: such as the imaginary execution-scene (pp. 377 – 416) of a distinguished Physiologist!" Obwohl dieser Aspekt wirklich nicht zu übersehen war, gehen interessanter Weise Zöllners deutsche Kritiker kommentarlos darüber hinweg.

beispielsweise, dass Zöllner davon ausgehe, „smoke rings" müssten von einem Raucher erzeugt werden und Maxwells „Dämon" sei so etwas wie ein Gespenst. Einige Passagen aus Zöllners Werk werden von Tait ins Englische übersetzt; sie machen deutlich, wie seltsam an vielen Stellen die Ausführungen von Zöllner sind.[90]

Vielleicht ging es Tait auch darum, eine alte Rechnung mit Zöllner zu begleichen, denn Tait trat für Maxwells und gegen Webers Theorie des Elektromagnetismus ein.[91] Die Publikation der deutschen Übersetzung des mit W. Thomson zusammen geschriebenen Buches von Tait zu dieser Frage provozierte denn auch eine heftige Kritik seitens Zöllner. Tait hatte zudem Auseinandersetzungen mit R. Clausius, auf dessen Seite sich Zöllner ebenfalls stellte. Man gewinnt den Eindruck – und darauf spielt auch Tait an – dass Zöllners Haltung nicht nur durch wissenschaftliche sondern auch durch nationalistische Gründe bestimmt wurde.

Die Konklusion von Tait lautet:

> Ich habe dennoch vergeblich das ganze Buch abgesucht nach etwas, was Wissenschaft genannt werden könnte. Die einzige Ausnahme hiervon sind einige bemerkenswerte Experimente, die Fresnel zu verdanken sind, auf die die Aufmerksamkeit gelenkt zu haben, verdienstvoll ist. (Tait 1878, S. 422)[92]

Der Titel „Wissenschaftliche Abhandlungen" ist folglich in Ermangelung jeglicher Wissenschaft irreführend. Tat schlägt deshalb (in Deutsch) einen anderen Titel vor (Tait 1878. S. 422):

Patriotische
METAPHYSIK DER PHYSIK
Für moderne deutsche Verhältnisse.
Mit speciellem Bezug auf die vierte Dimension und
Den Socialdemokratismus bearbeitet.

Die Diskussionen um Wissenschaft und Spiritismus liefen im Übrigen in Grossbritannien anders ab als in Deutschland. Eine Ausgrenzung dieses Themas aus dem wissenschaftlichen Diskurs, wie sie in Deutschland recht schnell angestrebt wurde, fand dort nicht statt. Belege hierfür

---

[90] Vgl. insbesondere Tait 1878, S. 421, wo es um Zöllners Ausflüge in die vierte Dimension geht.

[91] Zu Zöllners Position in dieser Frage vgl. Zöllner 1876.

[92] For I have looked in vain through this large volume for anything that can be well called Science; with the one exception of some remarkable experiments due to Fresnel, to which it is well the attention has been called.

sind z. B. die Diskussionen im Rahmen der *British Association for the Advancement of Science*, die in Großbritannien eine Rolle vergleichbar der Vereinigung deutscher Ärzte und Naturforscher im deutschsprachigen Raum als breites Diskussionsforum für wissenschaftliche Themen spielte. In Großbritannien beachteten die Diskussionen immer wissenschaftliche Mindestanforderungen[93] – was man von Zöllner, sowohl was die Form als auch was die Inhalte angeht, nach 1877 bestimmt nicht sagen kann. Das wiederum erklärt Taits teilweise heftige Kritik.

8. Der Zöllner-Skandal in der breiteren Öffentlichkeit

Die Kunde von Zöllners Séancen mit Slade und deren Interpretation machte schnell die Runde. Im Weiteren werden Beiträge aus einigen weitverbreiteten Zeitschriften vorgestellt, die belegen, wie breit das Interesse an Zöllner speziell und am Spiritismus allgemein war. Diese Kritiken scheuten vor Polemik nicht zurück, sie waren auch keine innerwissenschaftlichen. Selbstverständlich ist das hier Gebotene nur eine sehr kleine, auch zufallsbehaftete Auswahl; repräsentative Aussagen können wir somit nicht erwarten.

Die in Berlin erscheinende „Volks-Zeitung. Organ für jedermann aus dem Volke", gegründet 1851 von Fr. Duncker, war eine der auflagenstärksten Tageszeitungen im deutschsprachigen Raum. Sie verfolgte eine liberale Richtung, bekämpfte den Ultramontanismus und vertrat im Kulturkampf die Position des preußischen Staates. Am Mittwoch, den 27. März 1878, brachte die Volks-Zeitung einen langen Artikel „Prof. Zöllner und die Knoten der vierdimensionalen Wesen" von Rudolf Elcho (1839 – 1923), aus dem oben schon zitiert wurde. Nach einem bewegten Wanderleben, das Elcho (auch: Ewh) in verschiedene Erdteile und Armeen geführt hatte, wurde dieser Feuilletonredakteur bei der „Volkszeitung" und erfolgreicher Schriftsteller; er verfasste sogar ein Theaterstück „Die Spiritisten".

Der von Elcho für seinen Artikel gewählte Titel ist bemerkenswert, räumt er doch gerade dem mit einer starken mathematischen Komponente versehenen Knotenexperiment einen prominenten Platz ein. Dabei mag eine Rolle gespielt haben, dass Elcho genau dieses als Betrug zu entlarven suchte. Der Autor stellt von vorne klar, was seine Position ist, bezeichnet

---

[93]Z. B. wurde in England über die Möglichkeit von Messungen und die Genauigkeit von Messapparaturen, mit deren Hilfe man spiritistische Phänomene nachweisen wollte, diskutiert. Es entstand hier eine Art von experimentellem Spiritismus. Vgl. Staubermann 2001.

er doch Slade unumwunden als „Schwindler" und als „Gaukler". Das
Ansehen von dessen an sich harmlosen Machenschaften wurde aber –
und hier liegt wie zu erwarten der Skandal für Elcho – dadurch massiv
gefördert, dass „ein deutscher Professor mit seinen „Wissenschaftlichen
Abhandlungen" in das spiritistische Kielwasser ein[lenkt] und jubelt,
daß er mit Slade's Hilfe eine neue Welt, die vierdimensionale, entdeckt
habe." (Elcho 1878) Dank Zöllners Renommee als Wissenschaftler wird
so der Spiritismus aufgewertet – sein deutschsprachiges Organ, die
von Alexander Nikolajewitsch Aksakow (1832 – 1903) zusammen mit
Georg Konstantin Wittig 1874 begründeten „Psychischen Studien"[94]
„reklamiren heute das erstaunliche Faktum: Slade's Prüfung und die
Erforschung der mediumistischen Phänomene sei in Deutschland in das
erste Stadium wissenschaftlicher Erforschung und öffentlicher gelehrter
Erörterung eingetreten." (Elcho 1878) Die Tatsache, dass die Wissenschaft
in Deutschland bis dato nicht auf Zöllner reagiert habe, erklärt Elcho kurz
und bündig:

> Die hervorragendsten deutschen Forscher antworten nicht,
> weil sich mit dem leipziger Astrophysiker einfach nicht
> disputieren lässt. (Elcho 1878)[95]

Elcho geht anschließend kurz auf die Beziehungen verschiedener,
hauptsächlich englischer Wissenschaftler (insbesondere Tyndall) zum
Spiritismus ein, um dann auf das angekündigte Knotenexperiment zu
sprechen zu kommen:

> Prof. Zöllner knüpft an die Kant'sche Raumvorstellung
> von drei Abmessungen an und meint, da unsere jetzige
> Vorstellung von der dreidimensionalen, also der uns
> sichtbaren körperlichen Welt aus erfahrungsmäßigen Tatsachen
> hergeleitet sei, so ließe sich auch die Vorstellung eines Raumes
> von vier, fünf und mehr Dimensionen bilden, wenn uns
> beobachtete Erscheinungen auf die Existenz solcher Welten
> leiteten. Herr Zöllner nimmt vorläufig die reale Existenz
> einer vierdimensionalen Welt nebst Objekten in derselben an
> und sucht nach Erscheinungen, welche für das Dasein dieser
> gedachten Welt und der in ihre lebenden Wesen Zeugniss

---

[94] Diese Zeitschrift erschien wenig überraschend im Verlag von Oswald Mutze in Leipzig.
[95] Das hier angesprochene Schweigen sollte bald gebrochen werden. Elcho nennt
  später Helmholtz, Virchow und du Bois-Reymond als Zöllner-kritische Vertreter der
  Wissenschaft.

ablegen könnten. Der leipziger Astrophysiker nimmt ferner an, daß es eine vollkommen überzeugende Leistung der gedachten vierdimensionalen Wesen von der gedachten vierdimensionalen Welt sein müsse, wenn es möglich wäre, einen Faden ohne Ende zu verschlingen. [...] Am 17. Dezember 1877, vormittags 11 Uhr, legte Slade dem deutschen Astrophysiker einen Faden ohne Ende mit vier Knoten in den Schooß. – Nun war die Sache gewiss; Herr Zöllner und seine spiritistischen Freunde stießen ein Triumpfgeschrei aus; die vierdimensionalen Wesen hatten vierdimensionale Knoten geliefert; der Beweis für das Vorhandensein einer vierdimensionalen nicht sichtbaren Welt war erbracht, Zöllner war der spiritistische Löwe des Tages, Slade das unschuldige, bestverleumdete Lamm der ganzen Christenheit. (Elcho 1878)

Es folgt die durchaus überzeugende Erklärung des Sladeschen Kunststücks, die wir schon oben gesehen haben, sowie die Folgerung hieraus, nämlich, dass Slade ein Betrüger sei. Für Zöllner aber war er ein Märtyrer. „Zu den wenigen Personen, die heute noch glauben, daß Slade ein ehrlicher Hexenmeister sei, gehört Prof. Zöllner. (Elcho 1878)

Elcho's Fazit lautet:

Die vier Knoten haben den im Lande der Metaphysik umherirrenden Gelehrten in den Abgrund geschleift, aus dem er sich wohl nie wieder erheben wird." (Elcho 1878)

Vermutlich hatte es bis dato kein mathematisches Konzept jemals in solcher Ausführlichkeit in die Tageszeitungen geschafft. Es war eine bedrohliche Situation für die Mathematik entstanden, erschien sie doch als Helfershelfer für gewagte, gar abwegige Theorien. Insbesondere: Wenn der Raumbegriff empirischen Ursprungs ist, hatte dann nicht Zöllner Recht mit seiner Behauptung, dass seine neuen Erfahrungen auch einen neuen Raumbegriff erforderlich machten? Gefahr war in Verzug.

Auch einige deutsche Wochenzeitschriften widmeten dem Themenkreis Zöllner und der Spiritismus Artikel. Beginnen wir mit der „Deutschen Rundschau", gegründet 1874 von Julius Rodenberg und Sprachrohr der Jungkonservativen. 1878 veröffentlichte diese den Bericht „Der thierische Magnetismus und der Mediumismus einst und jetzt" von W. Preyer, dessen zweiter Teil dem Spiritismus gewidmet war. Der erste Teil beschäftigt sich mit dem Mesmerismus oder Odismus[96]; in diese

---

[96]Die Odlehre (der Odismus) ist eine Art von Weiterentwicklung des Mesmerismus, also der auf Franz Anton Mesmer (1734 – 1815) zurückgehenden Lehre vom tierischen (und

Tradition stellt Preyer – gewissermaßen als modifizierte Neuauflage – auch den Spiritismus:

> In unseren Tagen sind alle derartigen, den thierischen Magnetismus im engeren Sinne betreffenden Odischen Unterhaltungen gegen einen Unfug zurückgetreten, wie er ärger zu keiner Zeit des Pariser Mesmerthums grassirte, gegen den so genannten Mediumismus oder Spiritsmus. (Preyer 1879, S. 88)[97]

Es folgt eine detaillierte Auseinandersetzung mit den Sladeschen Experimenten nebst dem Hinweis, dass es sich bei ihnen um Taschenspielerkunststücke handele, wie die Vorführungen von Christiani belegten. Sodann stellt auch Preyer, wie schon Wundt und Elcho, fest, dass der eigentliche Skandal darin bestehe, dass sich „rühmlich bekannte Männer der Wissenschaft" (Preyer 1879, S. 89) - der Autor nennt: Wallace, Crookes, Butlerow, Zöllner - täuschen ließen und die Experimente in der Öffentlichkeit dank ihrer Reputation salonfähig zu machen suchten.

> Was sagen nun die Spiritisten zu diesen Erklärungen? Wenn sie nicht bekehrt werden – und ich meine, ein wirksames Heilmittel kann es nicht geben – dann werden sie sagen: Herr Christiani macht Alles perfect, es ist wunderbar; möglich ist es ihm aber nur dadurch, daß er selbst ein Medium ist und mit den Geistern direct verkehrt. Eine noch überraschendere Antwort sagt: die Herren aus Berlin zeigen uns zwar genau dieselben unbegreiflichen Vorgänge wie das Medium, ihre Experimente verlaufen ebenso glatt und elegant, wie die der Geisterbeschwörer; der große Unterschied besteht aber darin, daß die Physiologen dieselben Resultate auf anderem Wege, nämlich ohne Hilfe der Geister erreichen, wodurch die Existenz der letzteren nicht widerlegt wird.
>
> Wer so argumentiert, dem ist freilich nicht mehr zu helfen. (Preyer 1879, 92)

---

menschlichen) Magnetismus und den hieraus resultierenden Therapiemöglichkeiten; die Odlehre wurde von dem Leipziger Industriellen und Naturwissenschaftler Georg von Reichenbach (1788 - 1869) vertreten. G. Th. Fechner hatte eine fundamentale Kritik desselben veröffentlich, auf die auch Preyer hinweist: „Erinnerungen an die letzten Tage der Odlehre und ihres Urhebers" (Leipzig, 1876).

[97] Auffallend ist übrigens, dass Preyers Artikel die Literatur sorgfältig mit genauen Quellenangabe und weiterführenden Anmerkungen zitiert. Das unterstreicht seinen wissenschaftlichen Anspruch.

Eine schöne Beschreibung, wie man sich gegen Kritik immunisieren kann. Nachzutragen ist, dass auch Preyer dem Knotenexperiment eine prominente Rolle einräumt, allerdings fehlt bei ihm jeglicher Hinweis auf die Mathematik.

Abbildung 9. Titelvignette der „Gartenlaube", deren Anliegen verdeutlichend

Die im Jahr 1853 gegründete „Gartenlaube", ein viel gelesenes illustriertes Familienblatt (vgl. Abbildung 9) mit volksaufklärerischer Tendenz, das als Vorläufer der modernen Illustrierten gelten kann, nahm sich zwischen 1875 und 1880 mehrfach des Themas Spiritismus an.[98] Inhaltlich bieten die Artikel der „Gartenlaube" nicht viel Neues gegenüber dem, was wir schon gesehen haben. Sie sind populär, oft polemisch und ohne wissenschaftlichen Anspruch geschrieben, z. B. fehlen belegte Zitate.

Interessant ist allerdings der letzte Abschnitt im Artikel „Mr. Slade. Das Schreibmedium" von dem bereits zitierten R. Elcho. Dieser liefert nämlich eine Art von Zeitdiagnose liefert:

> In einer Zeit, wo man stigmatisierte Jungfrauen und Madonnenerscheinungen auf Pflaumenbäumen[99] hat, in einer Zeit, wo der Berliner Prediger Bimstein in Sommer's Salon Hunderten von gläubigen Gemüthern versichert, die Wiederkehr Christi auf diese schnöde Erde müsse in nächster Zeit erfolgen – er weiß nur noch nicht, ob diese per Ballon

---

[98] Eine Übersicht zu den fraglichen Artikeln findet man in Volkert 2018, S. 157.

[99] Hier bezieht sich Elcho auf die seinerzeit viel diskutierte angeblichen Marienerscheinung im Härtelwald beim saarländischen Marpingen (3. Juni 1876 und 3. September 1877) und damit auf den breiten Kontext der damaligen Diskussionen um Wunder (ein Begriff, der mehrmals im Artikel fällt). Auch den Geschehnissen in Marpingen widmete die Gartenlaube 1879 (No. 16) einen Artikel: Fridolin Hoffmann „Marpingen – wie Wunder entstehen und vergehen". Auf eine andere wichtige Diskussion jener Zeit spielt der Verfasser an, wenn er die „Unfehlbarkeit" erwähnt.

oder Passagedampfer erfolgt – in einer solchen Zeit bedarf
es nur noch des Spiritisten-Humbugs, und wir stehen wieder
an der Grenze des Hexenglaubens und nicht allzuweit von
den Hexenprozessen. Und man glaube ja nicht, daß dieser
Schwindel bei uns keinen Boden findet! Das Hôtel, in welchem
Slade abstieg, wird von Gläubigen belagert. Personen aus
den besten Gesellschaftskreisen zahlen mit Vergnügen ihr
Goldstück, um sich durch ein Taschenspielerkunststückchen
betrügen zu lassen. Wer aber die verzückten Ausrufe der
Betrogenen hört, der muss sich sagen: „Es giebt mehr Narrheit
zwischen Himmel und Erde, als unsere Schulweisheit sich
träumen läßt." (Elcho 1879a, S. 796)

Wir werden hierauf zurückkommen. Zöllner reagierte mit
antisemitischen Attacken auf die Kritik in der Gartenlaube.[100]

Als letztes Beispiel sei hier der Artikel „Der Spiritismus in Leipzig"
erwähnt, der 1878 anonym[101] in der Zeitschrift „Im Neuen Reich.
Wochenzeitschrift für das Leben des deutschen Volkes in Staat,
Wissenschaft und Kunst" erschien. Dieser ist u. a. interessant, da er
den Bezug zu Leipzig und seiner Universität betont und die Mathematik
explizit zur Sprache bringt.

Reiten Sie hinaus durch Ihr Leipzig ins Johannisthal und
blicken sie von der Anatomie bis zum botanischen Garten
die Reihe von Instituten entlang, die allein der kleine Staat
Sachsen für Zwecke der Naturforschung gebaut hat, sich
zum Ruhme, ganz Deutschland zu Nutz und Vorbild. Und
gerade da müssen sich nun die Spiritisten niederlassen wie der
Knoblauch unter den Eichen des Rosenthals; [...] (Im neuen
Reich 8 Band I (1878), 724)

Der Artikel unterscheidet einen alten Spiritismus, wie es ihn immer
schon gegebene habe (als Spielart des Aberglaubens), von seiner modernen
Variante. Letztere zeichnet sich nach Meinung des Verfassers dadurch aus,
dass sie sich wissenschaftlich gibt:

Denn so roh, wie da beschrieben, ist der moderne Spiritismus,
der sich selber so nennt, beileibe nicht, ei bewahre: der ist
verschämt, wie Adam nach dem Sündenfall, [...] Der sollte die

---

[100]Vgl. Zöllner 1878, S. 239 – 244 und S. 391 – 396.

[101]Als Verfasser gilt der Breslauer Historiker und Publizist Alfred Wilhelm Dove (1844 –
1914); vgl. Weitzenböck 1956, S. 204.

Naturgesetze leugnen? Ganz im Gegentheil; trauen wir ihm, so ist er emsig bemüht, deren neue zu entdecken: er treibt wissenschaftlich psychische Studien, untersucht vorzüglich die wenig bekannten Phänomene des Seelenlebens, er beobachtet Thatsachen, experimentirt mit Apparaten, mißt Kräfte so gut wie Helmholtz und Robert Mayer. (Im neuen Reich 8 Band I (1878), S. 724)[102]

Spiritismus ist der „Aberglauben an das Hineinragen von Uebernatürlichem ins Natürliche" (Im neuen Reich 8 Band I (1878), S. 722), wobei auch hier wieder ein Zeitbezug hergestellt wird, indem auf die damals neuesten Errungenschaften (Eisenbahnen, Telegraphie und Telefonie, Photographie, Galvanoplastik) hingewiesen wird, die früher unmöglich Geglaubtes ermöglichen.

Bemerkenswert ist, dass ausdrücklich hervorgehoben wird, dass die vierte Dimension ein mathematisches Konzept sei, das dem Laien – nicht zuletzt aufgrund seiner prinzipiellen Unanschaulichkeit – recht unzugänglich sei:

Denn was dieser [Zöllner; K. V.] für erweiterte Raumanschauung ausgiebt, ist in der That vielmehr Zertrümmerung unserer Raumanschauung durch einen unanschaulichen Begriff. Große mathematische Philosophen haben uns überführt, daß sich ein Raum denken lasse, der nicht drei Dimensionen, wie der unsre, sondern vier, fünf oder beliebig mehr solcher Abmessungen habe, und aus dieser völlig idealen Speculation sind mit arithmetischer oder geometrischer Logik gewisse eigenthümliche Folgerungen gezogen worden, von denen jedoch gleichfalls keine unserem Anschauungsvermögen direct im geringsten nahe zu bringen ist, weil diese Folgerungen ausschließlich für eine von dem Bereich unserer Vorstellungen grundverschiedenen Welt gelten. Es ist also genau so denkbar, daß es eine Welt von vier Dimensionen gebe außer unserer dreifach ausgedehnten, wie es denkbar ist, daß eine sogenannte Geisterwelt neben unserer Körperwelt existire; [...] (Im neuen Reich 8 Band I (1878), S. 733)

Umso wichtiger für den Laien ist deshalb das Urteil der Fachleute – und umso schlimmer ist es, wenn dieses in die Irre führt:

---

[102]Vgl. auch dasselbst S. 728.

> Ich verstehe zwar wenig von der vierten Dimension des
> Raumes, deren Existenz ich mir als Laie nicht vorstellen
> kann, aber Zöllner geht doch damit, wie er sagt, nur auf eine
> erweiterte Raumanschauung aus, er bleibt also, mein' ich,
> innerhalb physikalischer Betrachtungsweise. (Im neuen Reich
> 8 Band I (1878), S. 732)

Etwas später heißt es dann:

> [...]; für den unberittenen Haufen ist die vierte Dimension eine
> zu staubige Straße. Dabei geht es um die Möglichkeiten, welche
> die vierte Dimension nach Ansicht eines „dicken Majors", der
> in dem Artikel als fiktive Person (neben einem Geistlichen,
> einem Kapellmeister und anderen) auftritt, aus militärischer
> Sicht bieten könte: „Geben Sie mir eine einzige Batterie mit
> vierdimensionaler Mannschaft, die um die Ecke schießt, und
> nach vierzehn Tagen Campagne hab' ich Ihnen ganz Frankreich
> bis über die Pyrenäen gejagt." (S. 733)

Ernüchternder Weise muss er sich den Hinweis gefallen lassen, dass
der Gegner vielleicht aus der fünften Dimension zurückschlagen könne.
Bemerkenswerte Parallele: Die Eroberung der dritten Dimension durch
die Ballonfahrt nach 1783 wurde sehr frühzeitig militärisch genutzt — vgl.
die Schlacht bei Marly. (Im neuen Reich 8 Band I (1878), S. 735)
    Insgesamt tendierte der Artikel dazu, Zöllners Verwendung der vierten
Dimension als eine Art Trick einzustufen, mit dem er die breite Masse über
die Tatsache hinwegtäuschen wolle, dass er gar keine rationale Erklärung
für das Knotenexperiment – das eine zentrale Rolle in der Argumentation
des Artikels spielt — hatte:

> Denn gerade was uns für das Wesen des Spiritismus gilt, der
> Glaube an Störungen der Naturordnung von außen her, dafür
> hat er mit seiner vierten Dimension nur einen neuen gelehrten
> Spitznamen erfunden. (Im neuen Reich 8 Band I (1878), S. 733)

Wahrlich ein Missbrauch der Mathematik. Wir werden sogleich sehen,
wie Mathematiker hierauf – wenn auch etwas zeitverzögert – reagierten.
    Die erstaunlich brüske Ablehnung, die bei Abbott die Kugel den
Überlegungen des Quadrats zu einer vierten Dimension widerfahren
lässt, könnte man als eine Vorsichtsmaßnahme des Autors interpretieren,
der jegliche Annäherung an Zöllners geometrisierten Spiritualismus
vermeiden wollte.

9.   Die Mathematik wehrt sich

Die Kritiker Zöllners waren zahlenmäßig deutlich seinen Unterstützern überlegen. Es ist fast selbstverständlich, dass der zentrale Punkt in der Auseinandersetzung meist war, die Zöllner-Sladeschen Experimente als Schwindel nachzuweisen. Im Folgenden werden einige Reaktionen von Seiten der Mathematiker dargestellt, die um 1890 einsetzen. Bei ihnen spielte der Aspekt der Täuschung kaum noch eine Rolle – wohl, weil in ihren Augen ein klar belegtes Faktum. Vielmehr ging es um die Rolle der Mathematik schlechthin und um ihren Charakter, vor allem um die Frage nach dem Verhältnis von Mathematik und Realität: Wenn Mathematiker sich eine vierte Dimension ausdenken, was folgt daraus für die Wirklichkeit? Wer darf die Konzepte der Mathematik verwenden? Wofür?

Man wird sehen, dass hier interessante Aspekte ins Spiel kommen, insbesondere der abstrakte bis hin zum rein axiomatischen Charakter der Mathematik, welchen man vor allem mit Hilberts „Grundlagen der Geometrie" (1899) inklusive Wegbereitern (wie Pasch, Peano, Pieri, …) in Verbindung bringt. Es zeigt sich, dass der Wunsch, den Missbrauch der Geometrie in spiritistischer Absicht auszuschließen, die Ablösung einer empirischen Sicht auf Geometrie – die Durchtrennung des Bandes, welches Geometrie und Wirklichkeit verband - begünstigte, wenn nicht gar erforderte. Durch Rückkehr in das von „Ein Quadrat" beschworene Gedankenland gelang es der Mathematik, ihre Enteignung durch Zöllner rückgängig zu machen – und den vierdimensionalen Raum als einzig ihr Eigentum zu reklamieren.

Im Folgenden werden drei Autoren aus dem Bereich der Mathematik diskutiert. In chronologischer Reihenfolge sind dies Victor Schlegel (1843–1905), Carl Cranz (1858–1945) und Hermann Caesar Hannibal Schubert (1848–1911). Schlegel ist uns schon im Zusammenhang mit den Modellen und den nach ihm benannten Diagrammen begegnet; er veröffentlichte 1888 eine 28 Seiten starke Broschüre mit dem bezeichneten Titel „Ueber den sogenannten vierdimensionalen Raum" – man beachte das „sogenannt". Schlegels Motivation war nach seinen eigenen Angaben die breite Popularität der vierten Dimension, die er auf die „Anwendungen auf Verhältnisse der Wirklichkeit, welche die Aufmerksamkeit weiterer Kreise auf sich ziehen" (Schlegel 1888, 20) zurückführte. Die innermathematische Verwendung dieser Idee, zu der er selbst beigetragen hatte, war in seinen Augen unspektakulär und hätte kaum Aufmerksamkeit erregt. Bei Schlegel klingt schon ein

Grundthema der modernen Mathematik, ihr esoterischer[103] Charakter, an. „Ein Quadrat" würde das vielleicht so ausdrücken: Die Heimat der Mathematik ist das Gedankenland.

Im ersten Teil seiner Broschüre gibt Schlegel einen knappen Überblick zur Entstehungsgeschichte der vier- und mehrdimensionalen Geometrie. Nach seiner Ansicht spielte bei der Suche nach einem Raum, in dem man die gekrümmten dreidimensionalen Räume einbetten könne, eine wichtige Rolle in dieser Entwicklung, ein Motiv, das bislang noch kaum zur Sprache kam (vgl. Schlegel 1888, 8). Umgekehrt war diese angebliche Notwendigkeit in den vorangehenden Jahren oft als Argument verwendet worden, dass es keine gekrümmten (dreidimensionalen) Räume[104] geben könne – ein Problem, mit dem sich selbst E. Beltrami noch herumschlug.

Als Anhänger von Hermann Grassmann (1809 – 1887) betont Schlegel, dass schon dieser die völlig abstrakte Sicht der Geometrie in seiner „Ausdehnungslehre" dargelegt habe[105]; die Geometrie habe sich im 19. Jh., so Schlegel, von einer auf Erfahrung begründeten Wissenschaft zu einer reinen Geisteswissenschaft entwickelt – der mathematische Raum hat sich vom Anschauungs- und vom physikalischen Raum abgekoppelt. Damit entfiel natürlich die Kontrolle durch die Anschauung, die Analogie bekam stattdessen eine wichtige Rolle. Letztlich zählt nur noch die Widerspruchsfreiheit, nicht mehr die Anschaulichkeit.[106] Als wichtiges Beispiel eines Ergebnisses dieser „neueren Geometrie".[107] nannte Schlegel

---

[103]Im Gegensatz zu „exoterisch" gleich innerweltlich, also so viel wie außerweltlich. Nicht beabsichtigt sind Anspielungen zur Esoterik im Sinne von Grenzwissenschaft.

[104]Ein einfaches Beispiel liefert die 3-Sphäre, die sich analytisch – wie oben gesehen - einfach beschreiben lässt durch die Gleichung $x^2 + y^2 + z^2 + w^2 = 1$. Dabei setzt man aber voraus, dass sie im vierdimensionalen Raum liegt. Wie aber soll man sie sich vorstellen oder mathematisch beschreiben, ohne diesen sie enthaltenden Raum? Die moderne Antwort, die man bei B. Riemann (1854) angelegt findet, lautet: als abstrakte dreidimensionale Mannigfaltigkeit.

[105]Vgl. Schlegel 1888, 10. Zu beachten ist, dass Grassmanns Ideen bis etwa 1900 nur von wenigen Mathematikern beachtet wurden, manchmal Grassmannianer genannt, und kaum Einfluss entfalteten; sie standen zudem partiell in Konkurrenz mit den Anhängern von Hamiltons Quaternionen. Heute gelten die Ideen Grassmanns als wichtige Wegbereiter vor allem der linearen und der abstrakten Algebra.

[106]Vgl. Schlegel 1888, 10. Grassmann selbst vertrat allerdings noch die Idee, dass es nur einen, nämlich den dreidimensionalen Raum gäbe. Damit müsse sich die wirkliche Geometrie zufriedengeben, die abstrakte Ausdehnungslehre kann natürlich weitergehen. Natürlich fiel es in seiner Nachfolge dann leicht, diese Bemerkung zu ignorieren.

[107]Ein in der zweiten Hälfte des 19. Jhs. im deutschsprachigen Raum viel gebrauchter etwas unscharfer Sammelbegriff für alle Geometrien, die über die klassische Euklidische Geometrie hinausgingen; im engeren Sinne auch synonym für projektive Geometrie

die Bestimmung der Anzahl der regulären Polytope. Anschließend
stellte er Möglichkeiten vor, sich „Surrogate" für die Anschauung zu
beschaffen, insbesondere natürlich seine Projektionsmethode und die
darauf beruhenden Modelle. Seine Kernthese lautete:

> Dieser „vierdimensionale Raum" ist also ein reines Produkt
> mathematischer Spekulation, dient nur mathematischen
> Zwecken, und um die Frage, nach seiner etwaigen wirklichen
> Existenz kümmert sich kein Mathematiker. (Schlegel 1888, 5)

Die Anführungsstriche im obigen Zitat erklären sich daraus, dass
Schlegel die Ausdrucksweise „vierdimensionaler Raum" der Irreführung
verdächtigte: Diese suggeriere nämlich die Idee, dass dem Weltraum
eine „mysteriöse vierte Dimension" (Schlegel 1888, 4 – 5) beigelegt
werden könne. Dies war in seinen Augen gefährlich, denn für das
breite Publikum war nach Schlegels Ansicht die Gleichsetzung Raum
gleich Erfahrungsraum gleich Weltraum immer noch maßgeblich.
Mathematisch gesehen sind alle vier Dimensionen gleichberechtigt, keine
ist ausgezeichnet oder gar mysteriös.[108]

Schlegel diskutiert anschließend den Nutzen der vierdimensionalen
„Zukunftsgeometrie", den er u.a. darin sah, dass sie Phänomene der
dreidimensionalen Geometrie besser verständlich mache (etwa die
inkongruenten Gegenstücke), ähnlich wie räumliche Betrachtungen
den Beweis von ebenen Sätzen, etwa des Satzes von Desargues oder
dem von Monge, erheblich vereinfachen.[109] Eine Verwendung der
vierdimensionalen Geometrie in der Schule als „Bildungsmittel" hielt
Schlegel allerdings für unwahrscheinlich.[110]

(in moderner Ausdrucksweise). Einige der Auseinandersetzungen um die neueren
Geometrien, insbesondere um die nichteuklidische, werden im Essay von David E.
Rowe angesprochen.

[108]Das ist bekanntlich nicht der Fall im vierdimensionalen Raum-Zeit-Kontinuum,
das H. Minkwoski 1908 einführte, um die spezielle Relativitätstheorie Einsteins
zu geometrisieren. Folglich stellt dieses Konstrukt kein Beispiel eines traditionellen
vierdimensionalen Raumes dar.

[109]Vgl. hierzu auch Schubert 1893, 423 – 426. Die Frage, ob Sätze wie der von Desargues
oder der von Pappos nur mit ebenen Mitteln bewiesen werden können, spielte bei der
Erforschung der Axiomatik der euklidischen Geometrie durch D. Hilbert, Fr. Schur, H.
Wiener u. a. eine wichtige Rolle.

[110]Schlegel 1888, 20. Die Frage nach der Schule wurde im Zusammenhang mit der
vierdimensionalen Geometrie nur selten gestellt. Schlegel zeigt sich hier als Schulmann;
er selbst war lange Gymnasiallehrer, nach einem kurzen Zwischenspiel am Stettiner
Gymnasium, wo er Kollege von H. Grassmann war, dann in Waren; später wurde er
Dozent an der Gewerbeschule und schließlich an der Industrieschule in Hagen i. W.,
einer Art von technischer Hochschule.

Im letzten Drittel seiner Broschüre besprach Schlegel die typischen Slade-Zöllnerschen Versuche zum Nachweis der vierten Dimension: Verschwinden eines Gegenstandes aus einem geschlossenen Gefäß (oft: Glasglocke) oder auch Auftauchen in einem solchen und das paradigmatische Knotenexperiment (Ver- oder Entknoten). Natürlich kommt auch das Rätsel der inkongruenten Gegenstücke zur Sprache, wobei auch Schlegel hier deutlich darauf hinweist, dass sich dieses in allen Dimensionen analog stellt, es sich folglich nicht um ein für das Dreidimensionale typisches Rätsel handele. Die Slade-Zöllnerschen Experimente beruhen für Schlegel auf Tricks und haben keinerlei Aussagekraft; Experimente, die wirklich die vierte Dimension erforderten, sind nach seiner Ansicht prinzipiell undurchführbar. Der Erfahrung ist diese Dimension nicht zugänglich, nur das abstrakte Denken vermag diese Schwelle zu überwinden:

> Durch die letzten Betrachtungen haben wir uns der Grenze genähert, wo die Kompetenz der exacten Wissenschaft in Sachen des vierdimensionalen Raumes aufhört, und das freie Feld beginnt, auf welchem sich willkürlich und ohne zwingenden Grund erdachte Hypothesen tummeln, abergläubische Vorstellungen, welche den Inhalt dieser Hypothesen als Wahrheit betrachten, und endlich gewissenlose Spekulationen, welche sich bemühen, wider besseres Wissen jene abergläubischen Vorstellungen zu verbreiten. (Schlegel 1888, 25)

Die Demarkationslinie ist somit gezogen. Schlegels Schlussfolgerung lautet:

> Wir können jetzt die Popularität des vierdimensionalen Raumes begreifen. Denn wir sehen ja diesen Begriff durch den Spiritismus in Zusammenhang gebracht mit derjenigen Frage, die von jeher den denkenden Geist wie keine andere beschäftigt hat und beschäftigen wird, so lange es Menschen giebt: mit der Frage nach unserer Fortexistenz nach dem Tode. Fassen wir lediglich die eine Hypothese des Spiritismus, dass die selben im vierdimensionalen Raume weiterexistieren, als eine der zahlreichen Hypothesen auf, welche zur Beantwortung dieser Frage aufgestellt worden sind, so ist die Annahme dieser Hypothese, wie so vieles Andere, wofür kein direkter Beweis erbracht werden kann, eben Sache des Glaubens. (Schlegel 1888, 28)

Eigentlich klassisch kantisch: Die Grenzen der Vernunft (Wissenschaft) aufzeigen, um den Glauben Platz zu schaffen. Jedenfalls gilt:

> Ueberlassen wir also den vierdimensionalen Raum den Mathematikern, [...] Unterscheiden wir aber vor allen Dingen zwischen diesem rein abstrakten Gebilde geometrischer Ueberlegung, welches uns nirgends in Widersprüche mit anerkannten Gesetzen verwickelt, und dem Raum der Spiritisten, welcher ohne weiteres als wirklich existierend angenommen und mit unserem Weltraum in einen Zusammenhang gesetzt wird, [...]. (Schlegel 1888, 25)

„Zurück ins Gedankenland", man könnte auch sagen, in den Elfenbeinturm, mit dieser Haltung sollte die sogenannte moderne Mathematik ihren Siegeszug antreten.

Es ist nicht wirklich deutlich, an welche Lesergruppe sich Schlegel mit seiner Broschüre wandte. Allerdings fällt auf, dass er auf technische Entwicklungen vollständig verzichtete, weshalb anzunehmen ist, dass er eine breite Leserschaft im Auge hatte.

Klar ist dagegen, dass Carl Johann Cranz (1858–1945) die letztgenannte Gruppe anvisierte. Das belegt schon der Titel seiner Schrift: „Gemeinverständliches über die sogenannte vierte Dimension" (1890)[111]. Sein Beitrag erschien in der „Sammlung gemeinverständlicher wissenschaftlicher Vorträge" als Heft Nummer 112/113. Diese Sammlung wurde von Rudolf Virchow (1821–1902), einer der bekanntesten Mediziner aber auch Politiker seiner Zeit, und Fr. von Holtzendorf begründet und später von Virchow und W. Rattenbach herausgegeben.[112]

---

[111]Man beachte wieder „sogenannte"!

[112]Andere bekannte Sammlungen waren im Bereich der Mathematik die Sammlung Schubert, von der gleich die Rede sein wird, und die Sammlung Göschen; allgemeinerer Natur war die Sammlung Wissenschaft und Hypothese.

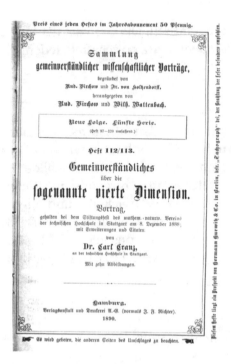

Abbildung 10. Titelseite der Schrift von Cranz

Cranz' Publikation beruhte auf einem Vortrag, den er im Dezember 1888 in Stuttgart beim Stiftungsfest des mathematisch-naturwissenschaftlichen Vereins an der Technischen Hochschule Stuttgart gehalten hatte (vgl. Abbildung 10). Er hatte sich daselbst 1884 für Mathematik habilitiert und war fortan als Privatdozent und später daneben auch als Lehrer an der Oberrealschule[113] tätig. 1903 wechselte er nach Berlin an die Technische Hochschule. Er wurde bekannt als Begründer der modernen Ballistik.[114]

Im Großen und Ganzen folgte Cranz dem Aufbau der Schlegelschen Broschüre, allerdings sind seine Ausführungen breiter und mit vielen Beispielen versehen. Er bemühte sich deutlich um Verständlichkeit. Auch Cranz sah Gefahr in Verzug:

> Auf anderen Gebieten wurden die Resultate der exakten mathematischen Forschung benutzt, um gewissen längst

---

[113] Heute würde man sagen: am mathematisch-naturwissenschaftlichen Gymnasium. Die Oberrealschulen hatten unter den damaligen Gymnasien den höchsten Anteil an Mathematik und Naturwissenschaften, den geringsten an alten Sprachen.

[114] Insbesondere verfasste Cranz den Beitrag über Ballistik für den vierten Band, dritter Teil „Encyklopädie der mathematischen Wissenschaften" (1903), eine ehrenwerte Aufgabe.

kultivierten Phantastereien und Speculationen neuen Nahrungsstoff zu geben. Eben die letzteren Anwendungen sind es vor allem, welche dem Begriff der vierten Dimension seine Popularität in nicht mathematischen Kreisen, aber auch zahlreiche Mißverständnisse eingetragen haben – Mißverständnisse der Art, daß dieselben das Ansehen der Mathematik in den Augen mancher Laien zu schädigen im Stande waren; daß man in den siebziger Jahren das Wort hören konnte, an jenen Phantastereien trage eine „erkenntnißkrank gewordene Mathematik" die Schuld.[115]

Die „modernen Raumtheorien", die hier nach Meinung des Autors missbraucht wurden, waren das Ergebnis des „Strebens nach Verallgemeinerung, nach Zusammenfassung des Einzelnen unter allgemeinere Gesichtspunkte und daneben speziell in unserem Jahrhundert der Trieb nach tieferer Einsicht in die Grundlagen unseres Wissens" (Cranz 1890, 3). Hinzu kam noch, worauf Cranz an anderer Stelle hinweist, das Bestreben, Ausnahmen - wie etwa Geraden in einer Ebene, die sich nicht schneiden - zu beseitigen.[116] In diesem Zusammenhang macht er auf einen interessanten Punkt aufmerksam, der gemeinhin wenig Beachtung fand (und findet[117]): die Rolle der Metynomie, Cranz spricht von „Erweiterungen" von Begriffen in der Geschichte der Mathematik. Damit ist der Prozess gemeint, dass der Sinn eines Begriff — wie etwa „Raum" – erweitert wird, und dann Objekte unter ihn fallen, die zuvor nicht unter ihn fielen (also in unserem Bespiel etwa höherdimensionale Gebilde). Weitere Beispiele hierfür liefern der Zahlbegriff (die Einführung der negativen Zahlen sprengt den Rahmen der Kardinalzahlen) und der Begriff des Punktes (unendlich ferne Punkte, imaginäre Kreispunkte). Solche Erweiterungen sind Festsetzungen, die sich meist aufgrund innermathematischer Motive ergeben; sie stellen zuerst einmal bloße „Redensarten" (Cranz 1890, 57)[118] dar. Folglich ist es

---

[115](Cranz 1890, 3); leider gibt Cranz keine Quelle zu dem Zitat an. Ähnliche derbe Aussagen über die Mathematik fielen im Kontext der nichteuklidischen Geometrie, vgl. Volkert 2013.

[116]Cranz 1890, 54. K. Chr. Von Staudt hatte dies einmal ein wichtiges Kennzeichen des mathematischen Fortschritts genannt; vgl. sein Vorwort zum ersten Band der „Beiträge zur Geometrie der Lage" (1856).

[117]Eine Ausnahme hiervon ist H. Mehrtens, vgl. sein Buch „Moderne Sprache Mathematik" (1990).

[118]Man verwies in diesem Kontext gerne auf die Nominaldefinitionen der klassischen Logik – in Abgrenzung zu den Realdefinitionen.

sinnlos, „metaphysische Spekulationen" zu ihrer Bedeutung anzustellen -
obwohl die Redensarten manchmal geradezu dazu einladen.[119]

Cranz vertritt im Übrigen eine überraschend moderne Auffassung
davon, wie mathematische Begriffe – etwa der Raumbegriff - zu ihrer
Bedeutung gelangen:

> Die Struktur des Raumes ist angegeben in den Axiomen, den
> Grundwahrheiten der Geometrie, die eben deshalb nicht zu
> beweisen sind. (Cranz 1890, 52)

Ganz in diesem Sinne werden höherdimensionale Räume von
Cranz als „analytische Fiktionen" bezeichnet, „denen erst dann etwas
Vorstellbares entspricht, wenn die Dimensionszahl $n = 3$ ist." (Cranz
1890, 17) Festzuhalten ist allerdings, dass die Axiomatik der euklidischen
Geometrie, insbesondere der des Raumes, 1890 noch nicht gebrauchsfertig
ausgearbeitet vorlag. Aufgrund seiner konsequent axiomatischen
Ausrichtung lehnte Cranz sogar die Veranschaulichungsversuche von
Schlegel mit Hilfe seiner Modelle, dessen „Surrogate", ab. Er hält
demgegenüber fest:

> Höhere Räume sind im *Prinzip* unvorstellbar, da auch die
> allen menschlichen Vorstellungen zu Grunde liegenden
> Empfindungen an die einzige dreidimensionale Form
> gebunden sind, in welcher sich für uns die Dinge ordnen.
> (Cranz 1890, 59)

Diese Behauptung, die sich ganz ähnlich auch bei H. Helmholtz
findet, versucht der Autor durch Rückgriff auf die („Helmholtzschen")
Flächenwesen zu untermauern: „[...] glaubt Herr Schlegel in der That sich
überzeugen zu können, daß solche Wesen, falls sie die zweidimensionale
Grundrißebene E eines dreidimensionalen Gebäudes G bewohnen,
allein durch den Anblick des rechteckigen Grundrisses G sich in ihrer
Vorstellung von dem Gebäude G selbst gefördert finden?". (Cranz 1890,
59)[120] Er gesteht deshalb den Schlegelschen Ideen nur einen analytischen
Wert zu. Kurz und bündig lautet das Fazit:

---

[119]In den ersten Jahrgängen der „Zeitschrift für den mathematischen und
naturwissenschaftlichen Unterricht" (gegründet 1870) gab es eine heftige Diskussion
unter Mathematiklehrern zur Frage, ob es unendlich ferne Punkte „wirklich" –
sozusagen im physikalischen Raum - gäbe. Diese illustriert das hier angesprochen
Problem sehr eindrücklich. Vgl. Volkert 2010.

[120]In der Referenz auf die darstellende Geometrie („Grundrissebene") macht sich Crantz'
Herkunft aus der polytechnischen Welt bemerkbar. Dieser Zweig der Geometrie war ja
geradezu ein Markenzeichen der polytechnischen Ausbildung.

Die sogenannten mehrdimensionalen Räume sind nichts weiter als Gedankendinge, analytische Fiktionen, welche dazu dienen, Sätze der Analysis oder Geometrie allgemeiner auszusprechen, mehrere Sätze in einen einzigen zusammenzufassen, Ausnahmen zu vermeiden. Alle übrigen Anwendungen der sogenannten vierten Dimension sind gegenstandslos, weil auf Trugschlüssen beruhend.

Problem gelöst, möchte man hinzufügen – durch Rückkehr ins „Gedankenland". Vieles bei Cranz erinnert wieder an die vorsichtigen Versuche von Cauchy, Cayley und anderen, die wir bereits kennenglernt haben: Gehe zurück auf Start.

Carl Cranz hat 1891 noch einen Artikel „Die vierte Dimension in der Astronomie" in der Zeitschrift „Himmel und Erde" (vgl. Abbildung 11) der Urania[121] veröffentlicht. In diesem setzte er sich detailliert mit vielen Argumenten Zöllners auseinander, insbesondere mit seinen der Astronomie (wie das Olberssche Paradoxon) entnommenen. Dieser Artikel endet wie folgt:

Bleiben wir also, um mit Dr. Mises zu reden, bei unseren guten alten drei Dimensionen; es giebt ohnedies täglich Neues genug:

„Il faut laisser le monde, comme il est" sagt ein französisches Sprichwort. (Cranz 1891, 73)[122]

---

[121]Die „Urania" ist eine 1888 gegründete, in Berlin ansässige und noch heute aktive Gesellschaft, welche das Ziel verfolgt, wissenschaftliche Erkenntnisse allgemein zugänglich zu machen.

[122]Etwa „Man muss die Welt so lassen, wie sie ist." Ein derartiges Sprichwort existiert allerdings – zumindest heutzutage - im Französischen nicht, wohl aber im Deutschen.

Abbildung 11. Titelblatt der Zeitschrift „Himmel und Erde" (Heft 4, 1891)

Der dritte von uns ausgewählte Text stammt von Hermann Caesar Hannibal Schubert (1848 – 1911), der als Mathematiklehrer am Johanneum in Eppendorf tätig war (ab 1876), zuvor unterrichtete er in gleicher Funktion am Andreanum in Hildesheim.[123] Schubert war ein anerkannter Mathematiker, seine wichtigsten Beiträge lagen im Bereich der (modern gesprochen) algebraischen Geometrie (abzählende Geometrie, Schubert-Kalkül). Er zog es aber vor, am Gymnasium zu unterrichten; Rufe an Universitäten lehnte er ab.[124] Schubert publizierte mit großem Erfolg im Bereich Unterhaltungsmathematik („Mathematische Musestunden" zweite Auflage 1900 in drei Bänden).[125] Zudem war er Herausgeber der erfolgreichen „Sammlung Schubert (Sammlung mathematischer Lehrbücher)", zu der er selbst den ersten Band „Elementare Arithmetik und Algebra" beisteuerte. In ihr erschien auf seine Anregung hin auch das erste deutschsprachige Lehrbuch (1902 erster Band, 1905 zweiter Band)

---

[123]Hier waren u.a. die Gebrüder Adolf und Julius Hurwitz seine Schüler, die Schubert durch Privatunterricht förderte. Adolf Hurwitz' erste mathematische Publikation über Porismen war eine gemeinsame Arbeit mit seinem Lehrer.

[124]Man muss hier natürlich bedenken, dass auf Grund des damaligen Fehlens einer Universität in Hamburg und seiner beeindruckenden Geschichte – man denke etwa an J. Jungius - das Johanneum eine ganz besondere Stellung innehatte.

[125]Der dritte Band der „Musestunden", der u.a. geometrische Themen behandelt, enthält auch einen Abschnitt zur vierten Dimension, in dem Schubert auf seinen hier darstellten Aufsatz verweist. Auch in diesem Abschnitt ist eine zentrale Aussage, dass sich die Spiritisten der vierten Dimension bemächtigt hätten und ihr Missbrauch darin bestehe, diese als etwas Wirkliches hinzustellen; vgl. Schubert 1900, 224.

der vierdimensionalen Geometrie von P. H. Schoute (1846 – 1913), der uns bereits als Koautor von A. Boole Stott begegnet ist.

Schuberts Text unterscheidet sich insofern von denen von Schlegel und Cranz, als er in einer englischen philosophischen Fachzeitschrift, dem 1888 gegründeten „Monist"[126] nämlich, erschien (und folglich Englisch geschrieben wurde). Das intendierte Publikum war eines von mathematischen Laien, was Schubert ernst nahm, insofern er einen didaktisch aufbereiteten Text vorlegte, der die verwendeten Fachbegriffe erläuterte und mit Beispielen[127] illustrierte. Das wird schon zu Anfang deutlich, wenn Schubert den Begriff „Dimension" erklärt, der in den genannten anderen Publikationen kommentarlos verwendet wird. Zur enormen Popularität der vierten Dimension lesen wir:

> Das Wissen darum aber, dass die Mathematik den Begriff des vierdimensionalen Raumes mit guten Resultaten zu Forschungszwecken verwenden kann, hätte niemals hingereicht, ihm seine gegenwärtige Popularität zu verschaffen, denn jeder intelligente Mensch hat nun von ihm gehört und spricht von ihm im Ernst oder auch im Spaß. Die Kenntnis des vierdimensionalen Raumes hat erst die Ohren des kultivierten Nicht-Mathematikers erreicht, bis die Folgerungen aus diesem mathematischen Begriff, die zu ziehen sich die Spiritualisten[128] berechtigt zu sein glaubten, allgemein bekannt wurden. (Schubert 1893, 427)[129]

---

[126] Auf der Homepage (http://www.themonist.com/) dieser Zeitschrift heißt es: „It helped to professionalize philosophy as an academic discipline in the United States by publishing philosophers such as Lewis White Beck, John Dewey, Gottlob Frege, Hans-Georg Gadamer, Sidney Hook, C.I. Lewis, Ernst Mach, Charles Sanders Peirce, Hilary Putnam, Willard Van Orman Quine, Bertrand Russell, and Gregory Vlastos."

[127] Bei Schubert stammen diese oft aus den Bereichen der elementaren Algebra und Arithmetik, was vielleicht didaktische Rücksichten widerspiegelt (vgl. das bereits erwähnte einführende Lehrbuch, das er für seine Reihe geschrieben hatte). An einer Stelle verweist er auf eigene Forschungen zu Konfigurationen, bei denen höherdimensionale Betrachtungen aufgetreten seien (Schubert 1893, 426). Schubert schrieb übrigens mehrere Artikel für den "Monist". Diese bildeten eine angenehme zusätzliche Geldquelle für ihren Verfasser, denn sie wurden bezahlt. Dank an Nicolas Michel (Utrecht) für diese Information.

[128] Dieser eher irreführende Begriff ist synonym mit Spiritist.

[129] The knowledge, however, that mathematicians can employ the notion of four-dimensional space with good results in their researches, would never have been sufficient to procure it its present popularity; for every man of intelligence has now heard of it, and, in jest or earnest, often speaks of it. The knowledge of a four-dimensional space did not reach the ears of the cultured non-mathematician

Inhaltlich und bezüglich der Argumente gegen die spiritistische Okkupation der vierten Dimension finden wir bei Schubert wenig Neues[130] gegenüber Schlegel und Cranz, auf die er im Übrigen ausdrücklich verweist. Schuberts Ziel war vor allem eine verständliche Darstellung der Inhalte der vierdimensionalen Geometrie.

Da der Spiritismus breite Kreise vor allem in Großbritannien angesprochen hatte, war Schuberts Wahl des Publikationsortes gut verständlich – und natürlich auch die Entscheidung, Englisch zu schreiben. Seine Bemühungen unterstreichen zudem, dass der „geometrisierte Spiritualismus" à la Zöllner auch jenseits des Ärmelkanals bekannt war.

Am Ende seiner Ausführungen stellte Schubert noch einige – wir würden heute sagen: wissenschaftstheoretische - Überlegungen an, bei denen es um ungeklärte Probleme geht, vor denen die Wissenschaft immer wieder stehe. In diesem Zusammenhang erwähnte er die Elektrizität und das Telefon als neueste Errungenschaften, um zu bemerken:

> Dinge, die früher mysteriös waren, sind es nicht mehr. Wären vor 150 Jahren einige Wissenschaftler im Besitz unserer heutigen Kenntnisse über elektrische Induktion gewesen und hätten Paris mit Berlin durch einen Draht verbunden, mit dessen Hilfe sie in Berlin eindeutig widergeben können, was eine andere Person in Paris sagt, so hätten die Menschen dieses Phänomen als übernatürlich bezeichnet. Man hätte den Urheber dieser Rede über eine große Distanz in die Gruppe der Geister eingeordnet. (Schubert 1893, 448)[131]

Hier schwingt der für die sogenannte Moderne so charakteristische Fortschrittsoptimismus mit: Wissenschaften und Technik werden die Probleme lösen, selbst wenn sie bis dato noch unlösbar erscheinen. Auf die Mathematik angewendet heißt dies: Es gibt kein „wir werden

---

until the consequences which the spiritualists fancied it permissible to draw from the mathematical notion were publically known.

[130]Interessant ist allerdings, dass Schubert den Begriff Erfahrungsraum („space of experience"; S. 421) verwandte, der fortan eine große Rolle in den philosophischen Diskussionen zum Raumproblem spielen sollte.

[131]Things that formerly were mysterious are so no longer. If one hundred and fifty years ago some scientist were in the possession of our present knowledge of inductional electricity and had connected Paris and Berlin with a wire by whose aid one could clearly interpret in Berlin what another person had at the very moment said in Paris, people would have regarded this phenomenon as supernatural and assumed that the originator of this long-distance speaking was in league with spirits. Zwei der aufregendsten und scheinbar unerklärlichen Entdeckungen, nämlich die Röntgenstrahlen und die Radioaktivität, standen der Menschheit 1893 allerdings noch bevor.

nicht wissen", kein „ignorabimus", wie Hilbert 1900 in seinem Vortrag über „Mathematische Probleme" verkündete – in Opposition zu den „Welträtseln", die Emil du Bois-Reymond in einer berühmten und viel beachteten Rede als unlösbar dargestellt hatte. Dazu gehört natürlich auch, die rote Linie zu ziehen zwischen wilder Spekulation und Pseudowissenschaft auf der einen und solider Wissenschaft auf der anderen Seite - was im Einzelnen natürlich sehr schwierig sein kann, wie das Aufsehen erregende Beispiel von Prosper–René Blondlots (1849 – 1930) N-Strahlen wenige Jahre später (1903) belegen sollte.[132] Auf lange Sicht jedoch gelingt es nach Schubert immer, diese Linie zu markieren: Zöllner und seine Anhänger landen stets auf der Seite der roten Linie, auf die sie gehören.

Fortan zogen viele Mathematiker aus den geschilderten Auseinandersetzungen die Lehre, dass es besser sei, die Idee höherdimensionaler Räume stets mit einem Vorbehalt – man könnte auch sagen: mit einer Warnung – zu präsentieren und den Rückzug in den Elfenbeinturm anzutreten. Als Beleg hierfür sei Wilhelm Killing (1847 - 1923), der selbst wichtige Beiträge zur neueren Geometrie insbesondere zu den sogenannten Raumformen geleistet hatte, zitiert mit seinem Buch „Grundlagen der Geometrie" (1893):

> Die Dreizahl der Dimensionen wird durch jede Erfahrung bestätigt; [...] Dagegen glaube ich nicht weiter gehen zu dürfen, und jeden Versuch, einen mehrdimensionalen Raum als existierend oder auch nur als mit der Erfahrung vereinbar hinstellen zu sollen, glaube ich mit Entschiedenheit zurückweisen zu müssen. Es ist gestattet, einen Blick auf die Gründe zu werfen, die man für Vier- oder Mehrzahl der Dimensionen glaubt beibringen zu können. (Killing 1893, 268)

Es folgt eine zwei Seiten lange Auseinandersetzung mit den Slade-Zöllnerschen Versuche, allerdings fallen keine Namen. In einer Anmerkung hierzu stellt Killing zufrieden fest:

> Während eine Zeit lang selbst angesehene Naturforscher lebhaft für die spiritistischen Versuche eintraten, ist jetzt die

---

[132]1903 publizierte der angesehene Experimentalphysiker Blondlot (Nancy) die Entdeckung einer neuen Art von Strahlung, die er N-Strahlung (Röntgen sprach ja ursprünglich von X-Strahlen) nannte. Innerhalb kurzer Zeit folgten zahlreiche weitere Veröffentlichungen zu diesem Thema, bis schließlich durch den amerikanischen Physiker Robert Williams Wood gezeigt wurde, dass die N-Strahlung gar nicht existieren; vgl. Palladino 2002. Zum Glück verhielt das Nobel-Preis-Komitee vorsichtig!

Begeisterung für dieselben bedeutend abgekühlt. (Killing 1893, 357 n. 38)

Killing war lange Zeit Gymnasiallehrer (in Brilon, dann in Braunsberg) gewesen und in Lehrerkreisen auch durch Publikationen wohlbekannt; sein Buch wurde umgehend in der „Zeitschrift für den mathematischen und naturwissenschaftlichen Unterricht" (kurz: ZmnU, auch nach ihrem Gründer „Hoffmannsche Zeitschrift" genannt) von Friedrich Pietzker (1844–1916) besprochen. Diese Besprechung illustriert eine weitere Facette der damaligen Diskussionen um höherdimensionale Geometrien, nämlich den extrem konservativen Standpunkt, der weder die nichteuklidische Geometrie noch höherdimensionale Räume akzeptierte.[133] Natürlich spielte dabei die Anschauung als Argument eine wichtige Rolle, denn die Vertreter dieser rigiden Position wollten nur das gelten lassen, was anschaulich ist. Der Gymnasiallehrer Johann Carl Becker aus Schaffhausen steuerte hierzu die schöne Formulierung bei: „Denn man kann sein Denken ebenso wenig von den Fesseln der Anschauung befreien, als man aus seiner Haut fahren kann, so gerne man dies auch bisweilen möchte." (Becker 1872, 330) Abzulehnen war folglich die konsequent formalistische Auffassung von Mathematik, also exakt der Notausgang, durch den man – wie wir gesehen haben - aus dem Zöllner-Dilemma herauszukommen hoffte.

Pietzker war ein erfolgreicher Herausgeber von Schulbüchern und langjähriger Vorsitzender des Fördervereins für den mathematischen und naturwissenschaftlichen Unterricht, also eine bekannte und einflussreiche Persönlichkeit. Durch seine rigide Position wurde er nach 1900 für den genannten Verein allerdings zunehmend zum Problem. Beruflich war er als Gymnasiallehrer in Tarnowitz und später dann in Nordhausen tätig. Zu Killing bemerkt Pietzker:

> Mit überflüssigem Nachdruck polemisiert der Verfasser gegen die Idee, eine vierte Dimension innerhalb des Erfahrungsraumes heraussuchen zu wollen, dessen dreifache Ausdehnung wohl nicht nur ihm außer jedem Zweifel steht. Auch die bekannten spiritistischen (z. B. Sladeschen) Experimente, auf die er gelegentlich hinweist, suchen eine Stütze in der vierten Dimension doch nur in der Weise, daß unser Raum als einer unter unzähligen längs dieser vierten Dimension aneinander gereihten Räumen aufgefasst wird, die

---

[133]Vgl. hierzu auch den Essay von David E. Rowe, wo auf Verbindungen zu der Lehre Kants und der Neukantianer eingegangen wird.

sinnlich wahrzunehmen wir Menschen angeblich nur durch unsere mangelhafte Organisation verhindert sind. (Pietzker 1895, 581)

Pietzker nimmt also Slade in Schutz, ohne aber Zöllners Ideen bezüglich einer vierten Dimension mittragen zu wollen. Dann aber schreitet er zur Tat und belegt in etwas mehr als zehn Zeilen, dass es keinen vierdimensionalen Raum geben kann:

Wenn es einen vierdimensionalen Raum geben könnte, der lauter dreidimensionale Räume nach der in jeden dieser Räume nur mit einem Punkt hineinreichenden Raum vierten Dimension aneinandergereiht enthielte, so müsste jeder dreidimensionale Raum eine gewissen Zweiseitigkeit aufweisen, einer aus seiner Struktur mit Notwendigkeit folgenden doppelten Auffassung fähig sein, [...] Weil diese Bedingung nun für den dreidimensionalen Raum in keiner Weise erfüllt ist, fällt die Möglichkeit des vierfach ausgedehnten Raumes vollständig fort – [...] (Pietzker 1895, 581)

Es ist nicht sehr klar, was Pietzker überhaupt meint mit seinen Ausführungen, vielleicht möchte er auf die Zerlegung des vierdimensionalen Raumes durch einen dreidimensionalen hinaus. Die Zweiseitigkeit könnte Hintons „ana" und „kata" meinen, also die zum fraglichen Raum senkrechte Dimension, die man in zwei Richtungen durchlaufen kann. Nimmt man beispielsweise die w-Achse, so entspricht jedem ihrer Punkte ein Raum der Form $\{(x, y, z, w) | w = const\}$.

Was hieraus für Zöllner und Slade folgt, sagt der Verfasser leider nicht. Überhaupt sind seine Ausführungen sprunghaft, unvollständig und wenig überzeugend. Sie stellen gewissermaßen einen wissenschaftshistorischen Atavismus dar, der aber – möglicher Weise – in der Lehrerschaft durchaus Einfluss hatte. Die Befürworter der höherdimensionalen Geometrien mussten wie einst Odysseus zwischen Skylla und Charybdis hindurch steuern – zwischen jenen, die die vierte Dimension für die Erklärung spiristischer Experimente heranzogen, und denen, die sie als bloße Chimäre zurückwiesen.

Erwähnt sei hier noch eine andere, oft eigenwillige Stimme aus der Lehrerschaft: Max Simon (1844 - 1918), seines Zeichens Oberlehrer am Lyzeum in Straßburg i. E. (dem heutigen *Lycée Fustel de Coulanges* neben dem Münster in Strasbourg) und später auch Honorarprofessor für

Geschichte der Mathematik an der dortigen Kaiser-Wilhelm-Universität. Er war ein entschiedener Befürworter der nichteuklidischen Geometrie unter Einschluss der höheren Dimensionen; in seiner bekannten „Didaktik und Methodik des Rechnens und der Mathematik" schlug er bemerkenswerter Weise vor, den Zöllner-Slade-Skandal didaktisch zu nutzen:

> Hierbei [bei der Besprechung des Zerlegungsaxioms (jede Ebene zerlegt den Raum in zwei Teilräume) für den dreidimensionalen Raum; K. V.] kann man vorsichtig auf die vierte Dimension eingehen und von dem Schwindler Slade und wie er Zöllner täuschte, erzählen, [...]. (Simon 1908, 162)

Die Erinnerung an das Zöllner-Trauma blieb noch lange Zeit lebendig. Selbst A. Einstein wusste noch darum. In den Gesprächen mit Alexander Moszkowski (1921) wurde er von seinem Gesprächspartner auf Slade angesprochen.[134]

> Einstein: [...] Slade galt als Vertreter einer vierdimensionalen Welt im spiritistischen Sinne, und von solchem Humbug haben sich ernste Forscher fernzuhalten, da schon die bloße Berührung damit bei der unverständigen Menge zu Mißdeutungen führen kann. Ich: Diese Scheu vor der Kompromittierung war doch nicht durchweg vorhanden. Nachdem Slade in Berlin an verschiedenen Türen geklopft hatte, begab er sich nach Leipzig, und hier wurde er allerdings von einem bedeutenden Fachmanne studiert. Einstein: Sie meinen von Friedrich Zöllner, der unbestreitbar als Astrophysiker einen Namen zu vertreten hatte. Aber er würde seinen Ruhm besser gewahrt haben, wenn er sich auf das Abenteuer mit jenem Amerikaner nicht eingelassen hätte.

Worin bestand eigentlich der Missbrauch mathematischer Begriffe, den Autoren wie Schlegel, Cranz und Schubert Zöllner und seinen Anhängern vorwarfen? Raum war letztlich zu jener Zeit noch kein,

---

[134]Die Quelle Moszkowski 1921 ist ein bisschen trübe, insofern der Text nicht von Einstein durchgesehen und autorisiert wurde. Moszkowski versuchte, Einstein das Zugeständnis abzuringen, dass es einen Platz für Rätsel in der Geschichte der Wissenschaft gäbe – vgl. das oben zu den Welträtseln Gesagte. Es ist nicht so ganz klar, ob er Sympathien für Zöllners Position hatte – immerhin erwähnt er die „Wissenschaftlichen Abhandlungen" – oder ob er Einstein einfach nur aus der Reserve locken wollte, um das Gespräch zu beleben.

modern gesprochen, Modell, das man modulo Erfahrung beliebig auswählen konnte, um eine abstrakte Struktur zu konkretisieren. Der dreidimensionale Euklidische Raum war immer noch privilegiert, insofern festzustehen schien, dass er der Raum unserer Erfahrung sei und mit dem physikalischen Raum identisch. Aber man sieht doch, dass sich die Entwicklung hin zu einer abstrakten Auffassung immer stärker abzeichnete; dann wird es viele Räume geben, folglich kann man denjenigen darunter auswählen, der die Tatsachen der Erfahrung am besten modelliert. Dabei geht der Wahrheitsanspruch der traditionellen Mathematik natürlich weitgehend bis ganz verloren. Wäre Zöllners Erfahrungsbasis zuverlässig gewesen, so hätte man modern betrachtet durchaus an die Verwendung eines vierdimensionalen Raumes denken können: Eine Missbrauch läge also nicht vor.

Wie populär die vierte Dimension um die Wende vom 19. zum 20. Jh. war, zeigt sich nicht zuletzt in allgemeinen Lexika, die sich ja an eine breite Leserschaft wandten und bis vor kurzem wendeten. Der nachfolgende Ausschnitt aus der Brockhaus-Enzyklopädie mag dies belegen. Ähnliche Ausführungen finden sich auch in Meyers Konversationslexikon, einem großen Konkurrenten - neben Herder und Pierer – von Brockhaus. Die Flächenwesen, die inkongruenten Gegenstücke, die Analogie sowie Zöllner und sein Skandal treten darin auf, die Zeitgenossin und der Zeitgenosse erwartete offenbar, sich darüber in ihrem Lexikon informieren zu können und so für die nächste Konversation gerüstet zu sein. Ganz, wie es sich einst Verlagsgründer Joseph Meyer (1796 – 1856) das vorstellte![135]

Brockhaus 5. Bd. 14. Auflage 1894 – 1898, S. 315 - 316

[Es geht – in damaliger Terminologie - um kongruente Dreiecke I und II und um symmetrische Dreiecke I und III; K. V.]

I und II kann man auch leicht zur Deckung bringen, wenn man das eine in der Ebene verschiebt. Bei I und III ist aber durch bloße Verschiebung in der Ebene keine Deckung möglich; ein Wesen, das sich nur zwei Dimensionen vorzustellen vermag, würde es also für unmöglich halten, die beiden Dreiecke überhaupt zur Deckung zu bringen. Nun wissen wir aber, daß dies wohl möglich ist, wenn wir nur das eine Dreieck, etwa III, aus der Ebene herausdrehen, indem wir beispielsweise die Seite AB ruhig liegen lassen, die Spitze C aber in die Höhe

---

[135]Die Artikel in den großen deutschen Lexika erschienen meist anonym – anders als etwa in der „Britannica". Es ist aber bekannt, dass der oben erwähnte Max Simon einen Teil der mathematischen Artikel im „Meyer" (4. Auflage) geschrieben hat.

heben und einen Halbkreis beschreiben lassen, worauf das
Dreieck wieder in die Ebene fällt und nun bloß noch gehörig
verschoben werden muß. In derselben Verlegenheit wie
unsre hypothetischen zweidimensionalen Wesen gegenüber
den beiden symmetrischen Dreiecken I und III befinden wir
selbst uns angesichts symmetrischer räumlicher Objekte, z.
B. der beiden unregelmäßigen symmetrischen Tetraeder der
Fig. 2: obwohl dieselben in allen Stücken übereinstimmen,
können wir sie doch nicht zur Deckung bringen, sowenig
wie wir den linken Handschuh an die rechte Hand anziehen
können. Könnten wir die Gegenstände aus dem Raum von drei
Dimensionen in den von vier Dimensionen bringen, so würde
dies nach dem Zurückbringen in den dreidimensionalen Raum
wohl möglich sein. Auch könnte es als Beweis für die reale
Existenz der vierten Dimension des Raums gelten, wenn
irgend eine Operation, die nur im vierdimensionalen Raum
ausführbar ist, wirklich ausgeführt würde. In neuerer Zeit
sind diese Dinge im Zusammenhang mit dem Spiritismus
vielfach besprochen worden. Zöllner hielt den Beweis für die
reale Existenz der vierten Dimension durch den Amerikaner
Slade für erbracht, während andre die Leistungen Slades
in das Gebiet der Taschenspielerei verwiesen. Vgl. Zöllner,
Wissenschaftliche Abhandlungen, Bd. 1-3 (Leipz. 1878-79);
Wundt, Der Spiritismus, eine sogen. wissenschaftliche Frage
(das. 1879). Graßmann in seiner »Ausdehnungslehre« von
1844 denselben Begriff systematisch entwickelt hatte, ohne
in weitern Kreisen Beachtung zu finden. Besonders hat dann
Helmholtz dazu beigetragen, daß man sich mit dem Begriff
auch in nicht mathematischen, namentlich in philosophischen
Kreisen beschäftigt hat. In seinem Vortrag »Über den Ursprung
und die Bedeutung der geometrischen Axiome« (1870)
zeigte er an dem von Fechner stammenden Beispiele der
Flächenwesen, wie wenig man aus unsrer Unfähigkeit zur
Anschauung von vier Dimensionen auf deren Unmöglichkeit
an sich schließen kann. Ein solches Wesen, dessen Anschauung
nur zwei Dimensionen hat, würde niemals im stande sein,
die beiden Hälften eines gleichschenkeligen Dreiecks zur
Deckung zu bringen, es würde diese beiden Hälften für ebenso
voneinander verschieden ansehen, wie uns linke und rechte
Hand verschieden erscheinen. Der Unterschied zwischen

Kongruenz (s. d.) und Symmetrie (s. d.) würde also für ein solches Wesen schon auf der Fläche hervortreten, während umgekehrt ein vierdimensionales Wesen den Unterschied, den wir zwischen unsrer linken und rechten Hand machen, nicht machen müßte und erst bei vierdimensionalen Gebilden auf die Verschiedenheit zwischen Kongruenz und Symmetrie stoßen würde. Bei allen diesen Spekulationen darf man aber nicht vergessen, daß wir uns einen Raum von vier Dimensionen, in dem unser Raum ebenso als Teil enthalten wäre, wie die Ebene in unserm dreidimensionalen Raum als Teil enthalten ist, niemals wirklich vorstellen können, und daß unsre Berechtigung, uns einen derartigen Raum als vorhanden zu denken, einzig und allein aus der Analysis stammt, die zu einer solchen Verallgemeinerung des Raumbegriffs geradezu herausfordert.

10. Die verkehrte Welt – Plattners Reise durch die vierte Dimension

In seiner „Phänomenologie des Geistes" (1806/07) beschrieb G. W. Hegel die „verkehrte Welt" wie folgt:

> Nach dem Gesetze dieser verkehrten Welt ist also das gleichnamige der ersten das Ungleiche seiner selbst, und das Ungleiche derselben ist ebenso ihm selbst ungleich, oder es wird sich gleich. (Hegel 1975, 128)

Eine solche fremdartige und ungewöhnliche Welt zu schildern, war hin und wieder Anliegen der Literatur. Eine Möglichkeit dazu bot der Spiegel, der rechts in links und umgekehrt vertauscht. Bekannt geworden sind Alices Abenteuer im Land hinter dem Spiegel, wie sie Lewis Carroll (1832 – 1898) 1871 beschrieb. [136] Einen expliziten Bezug zur vierten Dimension findet man in der 1896 erstmals erschienenen Erzählung „The Plattner Story" von Herbert Georges Wells (1866 - 1946)[137]: Plattner wird darin gewissermaßen sich selbst ungleich, ganz Hegelsch.

Bemerkenswert bei Wells ist, dass die vierte Dimension nicht, wie so oft, einfach als Metapher für neue ungeahnte, gar höhere Möglichkeiten, die das Unmögliche doch möglich erscheinen lassen,

---

[136] Zu Dodgson alias Carroll vgl. man den Essay von David E. Rowe.
[137] Zu Wells vgl. man Schenkel 2001.

aber ohne wirklichen geometrischen Gehalt, auftritt. Die vierte Dimension wird auch nicht mit der Zeit identifiziert, wie in Wells' bekanntestem Werk „Die Zeitmaschine". In der *Plattner Story* verwendet der Autor, der seine Ausbildung an der „School of Science" in Kensington absolviert hatte, konkret die Möglichkeit der Orientierungsumkehr, die die vierte Dimension für dreidimensionale Objekte bietet – also die vielbeschworenen inkongruenten Gegenstücke.[138]

Gottlieb Plattner, elsässischer Abstammung (warum auch immer!) und seines Zeichens Lehrer an einer kleinen englischen Provinzschule, ist entgegen seiner Ausbildung verpflichtet, dort auch Naturwissenschaften zu unterrichten. Seine Experimente sind bei seinen Schülern beliebt, da sie oft scheitern. Eines Tages bringt einer der Schüler Plattner eine mysteriöse grüne Flüssigkeit mit in den Unterricht, die nach Erwärmung eine beachtliche Explosion verursacht. Nachdem sich Dampf und Rauch gelegt haben, wird deutlich, dass Gottlieb Plattner spurlos verschwunden ist – selbst dem strengen, von den Schülern herbei gerufene Schulleiter Mr. Lidgett gelingt es nicht, ihn zu finden. Plattner irrt zeitgleich durch ein wunderliches Land mit grüner Sonne, von wo aus er gelegentliche Blicke in seine alte Welt wirft, ohne aber mit dieser in irgendeiner Form kommunizieren zu können. Ähnlich wie „ein Quadrat" sieht Plattner in Häuser und Gebäude seiner alten Welt hinein, die früher für ihn geschlossen wirkten. Schließlich führt ihn eine zweite Explosion der Reste der grünen Flüssigkeit wieder in seine gewohnte Umgebung zurück – bedauerlicherweise mitten ins geliebte Gemüsebeet seines Chefs. Dieses Missgeschick hat Plattners Kündigung zur unmittelbaren Folge. Eine schlimme Konsequenz seines Ausflugs in eine höhere Welt, die verblüffendste ist aber eine andere: Anlässlich einer medizinischen Untersuchung muss Plattner muss feststellen, dass sein Körper nun seitenverkehrt ist – sein Herz lag nun auf der rechten Seite. Zuvor war schon aufgefallen, dass er die Tendenz hatte, an der Tafel von rechts nach links zu schreiben.[139]

Kurz: Der neue Plattner ist der alte, aber gespiegelt. Hier hat offensichtlich eine Wanderung des Wissens (Andreas Kilcher) stattgefunden, und zwar eine, die mehr von der vierten Dimension bewahrte als die metaphorische Idee einer ungewohnten Freiheit. Das

---

[138]Wie wir schon gesehen haben, geht es hier, entsprechende Lage vorausgesetzt, um die Spiegelung an einer Ebene. Vereinfacht ausgedrückt: Um etwas der Vertauschung von links und rechts Analoges.

[139]Wells' Erzählung hat die Form eines Berichts, den ein Autor auf der Basis der Erzählungen von G. Plattner verfasst.

Phänomen der Orientierungsumkehrung lässt, besitzt man genügend Kenntnisse, auch an ein Möbius-Band denken. Mit diesem kann man aber nur die Orientierung von ebenen Figuren umkehren, nicht von räumlichen wie es die inkongruenten Gegenstücke sind. Auch mit Umstülpung hat die Orientierungsumkehrung nichts zu tun; bei dieser, zugegebenermaßen ebenfalls verblüffenden Operation, geht es ja darum, das Innere nach außen zu kehren, ohne die Oberfläche zu durchdringen: So wird aus dem rechten Handschuh einer, der auf die linken Hand passt – allerdings liegt nun das Fell außen auf dem Handschuh. Die Kugelfläche lässt sich in der Tat im Vierdimensionalen umstülpen, ein bekanntes Resultat (1959) von Stephen Smale (*1930).

Besonders viel Verwendung hat die Zeit im Sinne einer vierten Dimension, insbesondere verbunden mit der Idee, in dieser könne man sich willentlich im Sinne von Zeitreisen fortbewegen (insbesondere auch rückwärts), gefunden. Auch hier war H. G. Wells ein Wegbereiter mit seinem bereits genannten Werk, der „Zeitmaschine" (*The Time Machine*, 1893). Im Sinne unserer Entscheidung, auf diesen Aspekt nicht einzugehen, will ich mich hier mit diesen Hinweisen begnügen, nicht zuletzt auch, weil E. Schenkel verschiedene interessante Darstellung hierzu verfasst hat.[140] In der von Hermann Minkowski (1864 – 1909) 1908 entwickelten Geometrisierung der speziellen Relativitätstheorie kommt die Zeit in der Tat als vierte Dimension vor, allerdings sind hier die Verhältnisse viel verwickelter als in einem gewöhnlichen vierdimensionalen Raum, da die zugrunde liegende Abstandsmessung nicht die übliche ist. Die moderne Auffassung vom Raum lässt sich dadurch charakterisieren, dass dieser ein Zusammenspiel von der zugrunde gelegten Menge und der auf dieser definierten Abstandsfunktion (Metrik) ist, wobei man sich bei letzterer einige Freiheiten zugesteht – z. B. dass Abstände nicht immer positiv sein müssen oder dass der Abstand zweier verschiedener Punkte dennoch Null sein kann. Hieraus ergibt sich eine große Vielfalt von Möglichkeiten für Räume.

Eine andere Science fiction-Erzählung mit offenkundigem Bezug zum Thema vierte Dimension erschien 1912 in Frankreich. Es handelte sich um die „Reise in das Land der vierten Dimension" (*Voyage au pays de la quatrième dimension*) von Gaston Pawlowski (1874 – 1933), ein Werk, welches von Linda Henderson in Zusammenhang mit dem zu jener

---

[140]Vgl. Schenkel 2001 und Schenkel 2006. Eher populär ist Schenkel 2016 gehalten. Vgl. dort vor allem „Spiegelland und vierte Dimension: Morgenstern, Fechner und Abbott" (pp. 211 – 218).

Zeit in Frankreich entstandenen Kubismus gebracht wird.[141] Allerdings erlangte Pawlowski's Werk keine größere Beachtung. Weitere Hinweise zum Thema die vierte Dimension in der Literatur findet man im obigen Anmerkungsteil zu Abbotts Buch sowie im Essay von David Rowe.

11. Charles Howard Hinton, der Philosoph der vierten Dimension

Charles Howard Hinton, den man den Philosophen der vierten Dimension nennen könnte[142] – wie wir sehen werden, ist die Kennzeichnung aber nur bedingt zutreffend – wurde 1853 in England geboren. Sein Vater James, von Beruf Chirurg und später bekannter Autor und Philosoph, war ein Vertreter radikaler Ideen, u.a. Befürworter sexueller Freiheiten und Polygamie. Sohn Howard studierte Mathematik in Oxford am *Balliol College* (BA im Jahre 1877, MA 1886) durchaus mit Erfolg, später auch Physik (u.a. in Berlin). Neben seinem Studium war er an der *Uppingham School* in Rutland als Lehrer der Naturwissenschaften (*Master of science*) tätig. Der Mathematiklehrer dieser Schule war Howard Candler, ein guter Freund von E. Abbott. Insofern könnte es sein, dass Abbott durch Vermittlung von Candler von Ideen Hintons beeinflusst wurde. 1880 heiratete Hinton Mary Ellen Boole, Tochter von Mary Everest Boole und George Boole, deren Familie Hinton freundschaftlich verbunden war. In der Familie Boole lernte Hinton auch Tochter Alicia (1860 – 1940), nach ihrer Heirat Alicia Boole Stott, kennen. Er soll ihr, wie bereits erwähnt, sein Material, die kleinen bunten Würfel, gezeigt haben, mit Hilfe dessen er das anschauliche Verständnis der vierdimensionalen Geometrie fördern wollte. In ihrem Falle waren sie anscheinend ein großer Erfolg – wie oben beschrieben.

1883 heiratete Hinton[143] ein zweites Mal unter einem falschen Namen. Der Betrug flog auf und Hinton musste eine dreitätige Gefängnisstrafe verbüßen. Da er auch seine Anstellung an der Schule verlor, wanderte er mit seiner ersten Frau Mary 1887 nach Japan aus, wo er u.a. als Schulleiter arbeitete. 1893 verließ er Japan, um in Princeton eine Stelle als Mathematikdozent anzutreten. Weitere Stationen waren die Universität von Minnesota, das US Naval Office in Washington D. C. und das

---

[141]Vgl. Henderson 1983, 51 – 57. Dabei spielte laut Henderson auch das Lehrbuch Jouffret 1903 eine Rolle, u.a. durch seine Abbildungen etwa von Polytopen, die in mancher Hinsicht an kubistische Bilder erinnern.

[142]Vgl. Ibáñez 2016, 71 oder Henderson 1983, 25. Ausführlichere Angaben zu Leben und Werk von Hinton finden sich in der Einleitung von Rucker 1980.

[143]Diese Ausführungen stützen sich i. w. auf die Angaben bei Henderson 1983 und Ibáñez 2016, teilweise abweichende Angaben macht MacHale 1983.

US-Patentamt in Princeton; er starb 1907 in Washington D. C. beim Verlassen der Jahresversammlung der *Society of Philandropic Inquiry*. Neben seinen Schriften zur vierten Dimension (und der Bigamie) ist Hinton bekannt geblieben als Erfinder einer mit Schießpulver betriebenen Baseball-Kanone, die zu Trainingszwecken eingesetzt wurde. Allerdings soll diese durch die Wucht der Bälle, die sie abschoss, die Spieler in Gefahr gebracht haben, was ihren wohl nur mäßigen Erfolg erklären dürfte.

Hinton hat sich in erster Linie als Populisator der neuen Geometrie betätigt und dabei didaktisches Geschick gezeigt; daneben haben seine Texte oft auch den Charakter von – modern gesprochen – Science fiction-Stories. Er hat sich nicht soweit feststellbar für spiritistische Spekulationen à la Zöllner interessiert. Seine Texte sind im Wesentlichen nüchtern und sachlich, wenn er Spekulationen anstellt, so wird dies in der Regel deutlich gesagt. Für Hinton war die vierte Dimension vor allem eine befreiende Denkmöglichkeit, die unser Erkenntnisvermögen erweitern und uns so neue Sichtweisen liefern kann – gewissermaßen durch geistige Gymnastik.[144] Hintons kleine bunten Würfel lieferten hierzu das nötige Trainingsgerät. Seine Zeitgenossen haben ihn als ernsthaften Autor betrachtet und zitiert.[145]

Der erste von Hinton verfasste Text zur vierten Dimension trug den Titel „What is the Fourth Dimension?", er erschein erstmals 1880 in einer Zeitschrift[146], wurde 1883 in einer anderen Zeitschrift[147] nachgedruckt, schließlich fand er dann Aufnahme in die Aufsatzsammlung „Scientific romances" (1886).[148] Damit dürfte Hinton der erste Autor gewesen sein, der ausführlich für ein breites Publikum über die vierte Dimension geschrieben hat.

---

[144]Ein Ausdruck, mit dem der Mathematikunterricht an Gymnasien im 19. Jh. im deutschsprachigen Raum gerne gerechtfertigt wurde. Die Konkurrenz waren die alten Sprachen, die ebenfalls die Erziehung zum logischen Denken für sich reklamierten.

[145]Vgl. z. B. Jouffret 1903, VI, XIV, 185 und 187 auch Hall 1893, 179 und Boole Stott 1900, 5 n 1. Zu einem Eintrag in Poggendorffs Handwörterbuch hat es allerdings doch nicht gereicht, obwohl Hinton auch in wissenschaftlichen Zeitschriften publizierte.

[146]*The University Magazine* [Dublin] 96 (1880), 15 – 34.

[147]*The Cheltenham Ladies College Magazine* 8 (1883), 31 - 52.

[148]Diese Sammlung fasste eine Ausgabe in mehreren Heften der neun in ihr enthalten Texte zusammen, die Swan Sonnenschein zuvor veröffentlicht hatte. Später kam noch ein zweiter Band mit „Scientific romances" hinzu. Rucker 1980 ist eine Neuausgabe der meisten Essays, die in den „Scientific Romances" enthalten sind.

𝕎𝕙𝕒𝕥 𝕚𝕤 𝕥𝕙𝕖 𝔽𝕠𝕦𝕣𝕥𝕙 𝔻𝕚𝕞𝕖𝕟𝕤𝕚𝕠𝕟 ?

CHAPTER I.

T the present time our actions are largely influenced by our theories. We have abandoned the simple and instinctive mode of life of the earlier civilisations for one regulated by the assumptions of our knowledge and supplemented by all the devices of intelligence. In such a state it is possible to conceive that a danger may arise, not only from a want of knowledge and practical skill, but even from the very presence and possession of them in any one department, if there is a lack of information in other departments. If, for instance, with our present knowledge of physical laws and mechanical skill, we were to build houses without regard to the conditions laid down by physiology, we should probably—to suit an apparent convenience—make them perfectly draught-tight, and the best-constructed mansions would be full of suffocating chambers. The knowledge of the construction of the body and the conditions of its health prevent it from suffering injury by the development of our powers over nature.

Abbildung 12. Anfang des Artikels von Hinton (in der Ausgabe von 1886)

Hinton's Text (vgl. Abbildung 12), den man im besten Sinne populärwissenschaftlich nennen darf, erläutert einige Aspekte des vierdimensionalen Raumes, insbesondere den Hyperwürfel[149]. Die Anlage seiner Ausführungen ist sehr elementar und episch breit; bemerkenswert ist, dass sie viele Abbildungen enthält, auf die im Text rekurriert wird. Mathematische Vorkenntnisse werden nicht erwartet. Die Dimensionsanalogie – siehe unten - wird exzessiv verwendet; man könnte sagen, sie ist bei Hinton der Schlüssel zu allem weiteren. Entsprechend kommen die Flächenwesen großzügig zum Einsatz; der Grund hierfür ist einfach:

Die dritte Dimension wäre für solche Lebewesen ebenso unvorstellbar wie für uns die vierte. (Hinton 1886, 12 – 13)[150]

---

[149] Von Hinton anfänglich „double square" genannt, später (1888) führte er den Begriff „Tessaract" ein, der heute als „Tesseract" geläufig ist. Hintons Behandlung des Hyperwürfels wird von Alica Boole Stott in ihrer Veröffentlichung zu den Schnitten von Polytopen ausdrücklich erwähnt; vgl. Boole Stott 1900, 5 n 1.

[150] The third dimension to such a creature would be as unintelligible as the fourth to us.

Hintons Anliegen ist die Befreiung des Denkens und der Anschauung aus den überkommenen Schranken, der Aufbruch in höhere Welten also:

> Der andere Weg, der uns hinter den Horizont gewohnter Erfahrung führt, ist der, alles in Frage zu stellen, was im Bereich unseres Wissens als willkürlich und grundlos beschränkt erscheint. (Hinton 1886, 4)[151]

Und was könnte willkürlicher erscheinen, als die Tatsache, dass der Raum nur drei Dimensionen aufzuweisen hat? Eine Frage, die an die vielen Versuche erinnert, die Behauptung zu beweisen, dass der Raum dreidimensional sein müsse – oder zumindest einen Grund anzugeben, warum er gerade dreidimensional ist.

Im Weiteren schildert Hinton einige Phänomene, die in der vierten Dimension stattfinden können. Hierbei rekurriert er ausführlich auf die Flächenwesen, in deren Welt beispielsweise ein Viereck genügt, um ein Objekt einzusperren. Das Thema des abrupten Verschwindens aus den drei Dimensionen in die vierte wird dann ausführlich diskutiert - ein Thema, das uns schon bei Abbott begegnet ist und das sicherlich in diesen Kontexten zu den überraschendsten gehört. Weiter beschäftigt sich Hinton's Buch mit dem Hyperwürfel und seiner Darstellung, hat also einführenden Charakter. Es folgen einige physikalische Aspekte. Der Physik widmet Hinton recht viel Aufmerksamkeit, was ihn von bislang zitierten Autoren unterscheidet. Gegen Ende – im vierten Kapitel – wird der Autor dann doch noch spekulativ, wenn er erklärt, dass mit Hilfe der vierten Dimension B. Spinozas „Ethik" „symbolisiert" werden könne.[152] Hintergrund hierfür sind seine Überlegungen zum Verhältnis von drei- und vierdimensionaler Existenz: erstere stellt einen Schnitt der letzteren mit einem Raum dar – im Unterschied zu Zöllner, der Projektionen bevorzugte. Bekanntlich sind Schneiden und Projizieren Grundoperationen der projektiven Geometrie à la Steiner, also keine unbekannten in der Mathematik der damaligen Zeit. Bei Hinton wandert der Raum (oder das Objekt), also verändern sich die Schnitte, was vom Dreidimensionalen her gesehen die Idee, eine Veränderung fände in der Zeit statt, suggeriert. In Wahrheit handelt es sich aber um ein rein

---

[151] The other path which leads us beyond the horizon of actual experience is that of questioning whatever seems arbitrary and irrationally limited in the domain of knowledge.

[152] Vgl. Hinton 1886, 31. „Much of Spinoza's Ethics, for example, could be symbolized from the preceding pages." Was „symbolisieren" hier heißen soll, muss offen bleiben.

räumliches Phänomen.[153] Vom Standpunkt des Vierdimensionalen aus
wären die dreidimensionalen Menschen reine Abstraktionen – wie die
Figuren der zweidimensionalen Geometrie für uns. Das Fazit lautet:

> So können wir Dinge, die wir uns nicht veranschaulichen
> können, diskutieren und vollkommen gerechtfertigte
> Folgerungen zu ihnen ziehen. (Hinton 1886, 31)[154]

Das Denken reicht weiter als die Anschauung – aus der Haut fahren ist
also doch möglich.

Dem zweiten Teil des ersten Bandes der "Scientific Romances" hat
Hinton eine kurze Einführung vorangestellt, in der er auch auf Abbotts
"Flachland" eingeht. Dabei weist er auf den wesentlichen Unterschied
zwischen seinen Arbeiten und dem Buch Abbott's hin, nämlich, dass es
letzterem hauptsächlich um Satire und moralische Belehrung gehe, nicht
aber wie ihm (Hinton) um eine Erweiterung der Denkmöglichkeiten.[155]

Dieser zweite Teil des ersten Bandes der "Scientific romances"
enthält die Arbeit "A Plane World". In ihr findet sich eine ausführliche,
phantasievolle Schilderung des Lebens im Flächenland, wobei
Flächenland jetzt aber die Oberfläche einer Kugel meint. Ähnlich
wie bei Lewis Carroll tauchen auch bei Hinton Spiegel auf und die
seltsamen Verhältnisse, die sie hervorrufen.[156] Mathematisch gesprochen
beschäftigt Hinton sich mit Orientierung und Anordnung, insbesondere
mit inkongruenten Gegenstücken. Schließlich enthält die zweite Hälfte
der „Romances" den Aufsatz „Casting out the Self" – wörtlich etwa
„Das Selbst austreiben". Der seltsam anmutende Titel wird von Hinton
umgehend erklärt, er bezeichnet eine Art von denkendem Herausgehen
bezogen auf die räumlichen Verhältnisse – gewissermaßen Beckers „Aus
der Haut fahren". Eine kontemplative Bewusstseinserweiterung, aber
ohne Drogen.[157]

Dieser Aufsatz enthält zwei interessante Ideen: Zum einen erfindet
Hinton, wie bereits erwähnt, eine Benennung für die vierte zusätzliche

---

[153]Vgl. das oben zum Herumgehen im Zusammenhang mit dem Kubismus Gesagte (nach
J. Gebser): Es geht beides Mal um eine Verräumlichung der Zeit.
[154]Thus we may discuss and draw perfectly legitimate conclusions with regard to
unimaginable things.
[155]Vgl. Hinton 1886 119
[156]Vgl. z. B. Hinton 1886, 163. Spiegeln im Dreidimensionalen entspricht Drehen (um eine
Ebene) im Vierdimensionalen – ganz analog entspricht Spiegeln in der Ebene Drehen
um die Spiegelgerade im Raum (um 180°). Eine kurze Inhaltsangabe zu diesem Essay
und zu anderen Erzählungen von Hinton findet sich bei Weitzenböck 1956, 187–189.
[157]Vgl. Hinton 1886, 205.

Dimension. Die drei gewöhnlichen kann man wie einst Aristoteles mit vor/zurück, rechts/links und oben/unten charakterisieren. Stellt man sich nun vor, der Hyperraum sei durch einen Raum zerlegt – analog wie der gewöhnliche Raum durch eine Ebene – so kann man in Bezug auf diesen Raum zwei Richtungen senkrecht zu ihm unterscheiden: „kata" und „ana" (Hinton 1886, 205). Die Zerlegungseigenschaft eines dreidimensionalen Raums im Vierdimensionalen wird ausführlich erläutert, insbesondere auch, dass man eine Ebene im Hyperraum umgehen kann, nicht aber einen Raum.[158] Zum andern ist bemerkenswert, dass sich hier erste Überlegungen zu Hintons konkretem Material finden[159] – wie ich seine kleinen bunten Würfel nennen möchte. Diese werden uns sogleich beschäftigen, denn sie bilden den Gegenstand des zweiten Teils seines Buches „A new Area of Thought" (1888).

Anscheinend erfolgte Hintons Abreise nach der dreitägigen Gefängnisstrafe doch recht abrupt. Er kam nämlich nicht mehr dazu, das Manuskript zu der eben genannten Schrift druckfertig zu machen. Deshalb vertraute er es Alicia Boole (sie heiratete erst 1890) und H. John Falk zur Fertigstellung an. Nach ihren Angaben arbeiteten die beiden den zweiten Teil des Buches, der nur in Skizzen vorhanden war, aus und ergänzten einige Abschnitte.[160] Das Buch selbst enthält zwei Teile sowie eine größere Anzahl von Anhängen. Der erste Teil besteht aus elf Kapiteln und widmet sich hauptsächlich allgemeinen Fragen; der zweite Teil, der ebenfalls in elf Kapiteln gegliedert ist, behandelt dann in großer Ausführlichkeit Hintons „kleine bunte Würfel". Im ersten Teil ist auffällig, dass sich Hinton nun bezüglich seines Raumbegriffs auf R. Descartes bezieht, indem er den Raum als ohne Materie nicht vorstellbar erklärt – er ist also res extensa, ausgedehnte Materie. Das wiederum soll seine Wendung zur Physik hin begründen. Als ein wichtiges, wenn nicht gar als wichtigstes Ziel überhaupt seiner Ausführungen nennt er die „education of the space sense" (Hinton 1888, 3), also die Förderung der Raumanschauung. Dies war im letzten Drittel des 19. Jhs. durchaus ein Thema der Mathematikdidaktik, insbesondere im Zusammenhang mit der darstellenden Geometrie. Hinton betont mehrmals, dass sein

---

[158]Diese Überlegung ist uns bereits im Zusammenhang mit dem Auflösen von Knoten im vierdimensionalen Raum begegnet. Hierauf geht Hinton allerdings nicht ein, Knoten – im Gegensatz zu Spiegeln – spielen keine Rolle bei ihm. Anscheinend ging der Zöllner-Skandal an ihm vorbei (Hinton hatte ja seinen eigenen Skandal!).

[159]Alicia Boole soll dieses Material als 18jährige kennengelernt haben, also 1878 (vgl. MacHale 1983, 261). Das würde bedeuten, dass Hinton eine Zeitlang nichts über sein Material veröffentlicht hätte.

[160]Vgl. die Vorbemerkung, die sie dem Buch vorangestellt haben: Hinton 1888, V – VI.

Buch das Werk eines Lehrers und nicht eines Wissenschaftlers sei[161] und dass sein Studium große Aktivität seitens des Lesers und der Leserin erfordere. Insbesondere sind diese aufgefordert, die „Modelle" – also die „kleinen farbigen Würfel" – selbst herzustellen und mit ihnen zu arbeiten. Ausdrücklich vermerkt Hinton, dass seine Erörterungen alle „metaphysischen Diskussionen" vermeiden wollen, dass diese sich folglich nur mit Denkmöglichkeiten beschäftigen – willkommen im Gedankenland.

Der vielleicht interessanteste Aspekt der Einleitung ist aber die Rhetorik des Wortes "höher (*higher*)", die hier in Aktion tritt. Dieses Wort kommt auf den drei Druckseiten der Einleitung zu Teil 1 (mit einem recht kleinen Satzspiegel) 27 Mal vor – beginnend mit „höherer Raum" (*higher space*) und „höhere Materie" (*higher matter*) bis hin zum „höheren Wesen" (*higher being*). Der Sinn verschiebt sich also vom rein Sachlichen zum Metaphysischen – trotz der Versicherung Hintons, metaphysische Aspekte zu vermeiden. Vielleicht hätte er auf diesen kritischen Hinweis hin erwidert, dass sein höheres Wesen einfach eines sei, das den höheren Raum bevölkert. Daneben treffen wir aber auch die Entwicklung vom Niederen zum Höheren, auch unter Berufung auf die Biologie, bei Hinton an. Die kleinen bunten Würfel sind eine Hilfe, eine solche Entwicklung in der Erkenntnis selbst zu durchlaufen – ein Schulungsweg also. Die sprichwörtliche „Erkenntnis höherer Welten (oder Realitäten)" ist nicht fern.[162]

Der zweite Teil von „New Era" behandelt dann wie bereits erwähnt ausführlich die kleinen bunten Würfel und ihre unglaublich komplizierte Verwendung. Die Würfel erhalten Kunstnamen wie mala, senat, ... ähnlich wie einst die Syllogismen (z. B. Barbara, Felapton, ...) – Hinton spricht später sogar von einer „Sprache des Raumes" („a language of space" (Hinton 1904, 248)). Die Würfel werden zudem nach einem System farbig eingefärbt. Auch hier werden die Ausführungen durch zahlreiche Zeichnungen in Schwarz-Weiß unterstützt. Ganz lehrbuchmäßig gibt es am Ende Übungsaufgaben.

Abbildung 13 zeigt eine Abbildung aus einem späteren Buch von Hinton (1904).

---

[161]Vgl. Hinton 1888, 6 und 7.

[162]Rudolf Steiner (1861 – 1925), einschlägig für seine Kenntnis höherer Welten, verwendete beispielsweise in seinen Vorträgen zur vierten Dimension im Mai 1905 die „Methode des Herrn Hinton", das heißt, dessen kleine bunte Würfel, um seinen Hörern die vierte Dimension näherzubringen. Vgl. Steiner 1995, 50 – 67 und die Erläuterungen des Herausgebers 239 – 240.

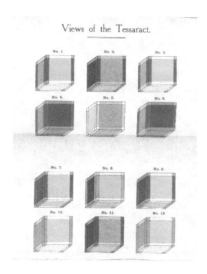

Abbildung 13. Hintons kleine bunte Würfel (aus Hinton 1904 Bildtafel)

Die Überschrift „Ansichten des Tesserakts" macht deutlich, dass Hinton die Würfel als Bestandteile des Hyperwürfels auffasste, dessen Zellen ja Würfel sind. Der Standardsatz an kleinen bunten Würfeln bestand nach Hintons Angaben[163] in seinem Buch von 1904 aus: - drei Gruppen von jeweils 27 kleinen Würfeln - einer Gruppe mit 27 Platten und - 12 unterschiedlich bunt gefärbten kleinen Würfeln mit Punkten und Strichen; das sind die so genannten Katalogwürfel.

Die Farben dienen dazu, die Veränderungen in Richtung der verschiedenen Dimensionen zu verdeutlichen (so ähnlich wie die Farbperspektive), die Flächen der Würfel sind Mischungen aus den Farben, die die sie begrenzenden Kanten tragen.[164] Auf genauere Erläuterungen, wie diese Würfel verwendet werden sollten, sei hier verzichtet (vgl. Abbildung 14).[165]

---

[163]Vgl. Hinton 1904, 231. Hintons kleine bunte Würfel haben eine gewisse Entwicklung durchgemacht. Ursprünglich scheint es sich dabei um ein mnemotechnisches Hilfsmittel für dreidimensionale Situationen gehandelt zu haben; der Bezug zur vierten Dimension kam erst später. Vgl. Rucker 1980, VI - VII.

[164]Da der Farbenraum bekanntlich nur dreidimensional ist, kann Hinton nicht nur mit den üblichen Grundfarben arbeiten. Er entscheidet sich für Weiß, Gelb, Rot und Blau; durch Mischung von Gelb und Rot entsteht Orange, durch Mischung von Weiß und Rot Rosa und so weiter. Verschiebt man nun den Würfel in Richtung der vierten Dimension, das ist in Richtung Blau, kommt die letztere Farbe als zusätzliche Mischfarbe ins Spiel. Vgl. Weitzenböck 1956, 42.

[165]Ibáñez schreibt ihnen „höchste Berühmtheit" zu, leider ohne genauere Belege anzugeben; vgl. Ibáñez 2016, 72: „Zudem wurden sie in Frauenzeitschriften veröffentlicht und sogar in Séancen verwendet." Ja dann … möchte man sagen. Übrigens war Mathematik in

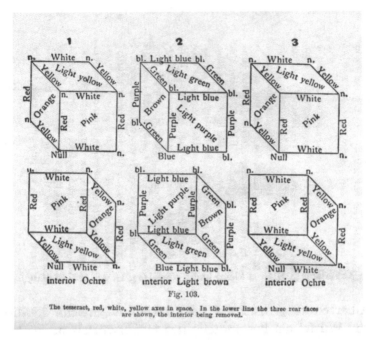

Abbildung 14. Die kleinen bunten Würfel in Aktion (Hinton 1904,174)

Die Vorbemerkung von A. Boole und H. J. Falk zu „New Era" deutet an, dass Hintons Material auch käuflich zu erwerben war bei Messrs. Swan Sonnenschein and Co., Paternoster Square, London; aber sie könnten auch einfach hergestellt werden, indem „Kindergartenwürfel" mit Papier beklebt werden und dieses dann mit Wasserfarben bunt eingefärbt wird.[166] Die Herausgeber waren offensichtlich praktisch denkende Menschen. Im Übrigen ist bekannt, dass sich sowohl Alicia Boole als auch ihre Mutter für Fragen des Unterrichts interessierten und sich für Reformmaßnahmen einsetzten.[167]

Es sei noch angemerkt, dass es mehrere Anhänge gibt zu „New Era". Einer davon, der Anhang E, ist nach Angaben der Herausgeber „eine Ausarbeitung eines Satzes, den er [Hinton; K. V.] vorgeschlagen hat" (Hinton 1888, V). Dabei handelt es sich um eine Übertragung des bekannten Satzes von Desargues (vgl. Abbildung 15) in die

---

Frauenzeitschriften früher nicht so selten, wie man vielleicht annehmen würde, z. B. unterhielt das „Lady's Diary" – später wurde daraus das „Lady's and Gentlemen's Diary" – eine interessante Rubrik mit Mathematikaufgaben; vgl. Leybourn 1817.

[166]Vgl. Hinton 1888, VI – VII.

[167]In Hinton 1904 wird übrigens eine graphische Darstellungsweise für Syllogismen ähnlich den Euler-Diagrammen verwendet, die Hinton Alicia Boole Stott zuschreibt (vgl. Hinton 1904, 90).

vierdimensionale Geometrie, also um ein veritables mathematisches Resultat – allerdings ohne Beweis. Im Jahre 1888 war das sicherlich eine beachtliche Leistung, man kommt wohl nicht umhin, Hinton ein entwickeltes mathematisches Verständnis zuzuschreiben.

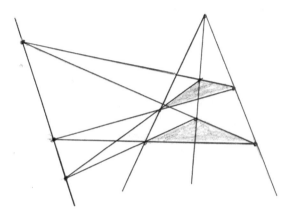

Abbildung 15. Satz von Desargues: Sind zwei Dreiecke perspektivisch bzgl. eines Punktes, so liegen die Schnittpunkte der Paare entsprechender Seiten auf einer Geraden und umgekehrt

Im Jahre 1904 veröffentlichte Hinton dann sein wohl bekanntes Buch mit dem einschlägigen Titel: „The Fourth Dimension" (vgl. Abbildung 16); dieses erlebte bis 1921 vier Auflagen. „Fourth Dimension" hat stärker den Charakter eines systematischen Lehrbuchs, wenn auch der Anspruch weiterhin ist, mathematische Laien in die vierte Dimension „in klarer Weise, ohne mathematische Subtilitäten und ohne mathematische Techniken" (Hinton 1904, VI)[168] einzuführen. Auch hier sind wieder viele Abbildungen zu finden, Übungsaufgaben gibt es allerdings keine mehr. Und natürlich spielen die kleinen bunten Würfel wieder eine Rolle. Physikalische Aspekte rücken stärker in den Vordergrund, z. B. der Äther und die Wirbellatome[169]. Aber nach wie vor spielen die kleinen bunten Würfel eine wichtige Rolle.

Der erste Absatz greift den Begriff „höher" auf:

---

[168] „[…] in a clear manner, devoid of mathematical subtleties and technicalities".

[169] Eine wohl auf W. Thomson zurückgehende Theorie, nach der Atome so etwas wie Knoten im Äther sind. Die vierte Dimension wäre nach dem, was wir gesehen haben, das Ende dieser Atome.

Es gibt nichts Unbestimmteres und zugleich Realeres als dasjenige, auf das wir uns beziehen, wenn wir vom "Höheren" sprechen. Im gesellschaftlichen Leben sehen wir es verwirklicht in einer größeren Komplexität der Beziehungen. Aber diese Komplexität ist noch nicht alles. Zugleich gibt es einen Kontakt mit, eine Wertschätzung von etwas Grundlegenderem, etwas Realerem. Mit der Weiterentwicklung der Menschheit ergibt sich ein Bewusstsein von etwas, das mehr ist als all die Formen, in denen es in Erscheinung tritt. Es gibt eine Bereitschaft, alles Sichtbare und Greifbare aufzugeben zugunsten jener Prinzipien und Werte, deren Repräsentation das Sichtbare und das Greifbare ist.[...] Wie nun können wir das Höhere wahrnehmen? Es wird im Allgemeinen erfasst durch unsere religiösen Fähigkeiten, durch unsere Tendenz der Idealisierung. (Hinton 1904, 1 – 2)[170]

Abbildung 16. Titelseite von „The Fourth Dimension"

---

[170]There is nothing more indefinite, and at the same time more real, than that which we indicate when we speak of the „higher". In our social life we see it evidenced in a greater complexity of relations. But this complexitiy is not all. There is, at the same time, a contact with, an apprehension of, something more fundamental, more real. With the greater development of man there comes a consciousness of something more than all the forms in which it shows itself. There is a readiness to give up all the visible and tangible for the sake of those principles and values of which the visible and tangible are the representations. [...] Now, this higher – how shall we apprehend it? It is generally embraced by our religious faculties, by our idealizing tendency.

Vielleicht wäre Hinton gar nicht einverstanden gewesen mit der Tatsache, dass er zum Referenzautor für alle möglichen Arten von Spekulationen über die vierte Dimension werden sollte; u. a. wurde sein Buch ins Russische übersetzt, wo es Einfluss auf P. D. Ouspensky (1878–1947) gehabt habe soll. Allerdings könnte auch der Titel von Hintons Buches dem Vorschub geleistet haben. In seinem Artikel „Die vierte Dimension in der Astronomie" (1891) hatte C. Crantz schon vor der Bezeichnung „vierte Dimension" gewarnt:

> Sehr oft wird von mathematischen Laien, selbst von hervorragenden Philosophen wie Lotze[171] mit der sog. vierten Dimension ein gänzlich falscher Sinn verbunden; es wird vorausgesetzt, daß diese vierte Dimension den übrigen Dimensionen der Länge, Breite, Höhe als gleichartig beigeordnet, neben diesen für uns unsichtbar vorhanden und „nur tückisch genug sei, ihre Existenz uns nicht merken zu lassen" (Lotze); zu verstehen; zu diesem Missverständnis verleitet wohl zumeist der nicht sehr geschickte Ausdruck „vierte Dimension", statt des Ausdrucks „vierdimensionaler Raum", welch letzterer der Natur der Sache mehr entspricht. (Cranz 1891, 56)[172]

Folgt man Cranz, so gibt es im vierdimensionalen Raum vier gleichberechtigte Dimensionen, die alle gleich mysteriös oder gleich gewöhnlich sind, der vierdimensionale Raum ist nicht der dreidimensionale plus eine zusätzliche Dimension. Spricht man von der vierten Dimension, wie es ja auch Hinton tut, so erweckt dies den Eindruck, zu den drei geläufigen Dimensionen träte eine geheimnisvolle „höhere" , die vierte eben, hinzu.

Hintons Buch über die vierte Dimension fand einige wohlwollende Rezensenten. In späteren Ausgaben (1921 wurde die zweite Auflage von 1906 zum zweiten Mal nachgedruckt), finden sich einige Auszüge aus solchen als Klappentext.

Natürlich gab es auch kritische Stimmen, eine davon gehörte einem prominenten jungen Philosophen namens Bertrand Russell (1872–1970); erschienen ist sie in der philosophischen Fachzeitschrift „Mind. A Quaterly

---

[171]Hermann Lotze (1817–1881), sehr bekannter Vertreter der akademischen Philosophie und deren Professor in Göttingen, bekämpfte die nichteuklidische Geometrie mit teilweise heftigen Ausdrücken als unsinnig; vgl. Volkert 2013.

[172]Ähnlich hatte sich auch V. Schlegel geäußert; vgl Abschnitt 9.

Review of Psychology and Philosophy", später die führende Zeitschrift der analytischen Philosophie[173]

> Dieses Buch ist sowohl im Umfang als auch in seiner Intention populär gehalten und wendet sich an Leser, die nur über geringe Kenntnisse in Mathematik und Philosophie verfügen. Es möchte in diesen Lesern ein gewisses Verständnis dafür wecken, was mit der Hypothese einer vierten Dimension gemeint ist; weiter soll es verdeutlichen, welche intellektuelle Wichtigkeit dieser Hypothese zukommt. In beiderlei Hinsicht ist es darauf angelegt, ein beachtliches Maß an Erfolg zu haben. Allerdings erscheinen mir die ausgefeilten Modelle, mit denen Herr Hinton versucht, die vierte Dimension lebendig zu machen, trotz ihrer Genialität bei ihrer Verwendung genauso viele Überlegungen zu erfordern, als erforderlich wären zum Verständnis der vierten Dimension ohne ihre Hilfe. (Russell 1904, 573)[174]

Es folgt einige Detailkritik z. B. an Hinton Behandlung von Platon und seinen Ausführungen zum Themenkreis Logik und Raum. Kein Wort fällt jedoch zu Hintons philosophischen und sonstigen Spekulationen. Russell schließt:

> Das Verdienst der Spekulationen über die vierte Dimension – ein Verdienst, der dem vorliegenden Buch in vollem Umfang zukommt — liegt hauptsächlich darin, dass die Vorstellungskraft angeregt wird und das Denken von den Fesseln des Tatsächlichen befreit wird. Vollkommene denkerische Freiheit wurde nur ein Denken erreiche, das ebenso leicht über das Existente wie über das Nicht-Existente nachdenken könnte. Diesem unerreichbaren Ziel bringt uns

---

[173] Auf der offiziellen Homepage der Zeitschrift liest man heute: „MIND is well known for cutting edge philosophical papers in epistemology, metaphysics, philosophy of language, philosophy of logic, and philosophy of mind." (https://academic.oup.com/mind/pages/About), Abruf 28.10.2021.

[174] This book is popular in scope and intention, being addressed to such as have but little acquaintance with either mathematics or philosophy. It aims to arousing in such readers some comprehension of what is meant by the hypothesis of a fourth dimension, and some realization of the intellectual importance attaching to this hypothesis. In both respects it is calculated to achieve a considerable measure of success, although the elaborate models, by which Mr. Hinton endeavours to make the fourth dimension vivid, appear to me, ingenious as they are, to require as much thought for their use as would suffice for the understanding of the fourth dimension without their aid.

die nichteuklidische Geometrie ein Stück näher; und die Leser, an die sich dieses Buch wendet, werden vermutlich einen bestimmten Grad an Emanzipation vom Wirklichen erreichen. (Russell 1904, 574)[175]

Russell betont hier die populärwissenschaftliche und didaktische Seite von Hinton, während er die spekulative weitgehend mit Stillschweigen übergeht. Zum Abschluss unserer Ausführungen über Hinton sei noch erwähnt, dass dieser 1908 noch einmal das Thema einer zweidimensionalen Welt aufgriff in seinem Science fiction-Roman „An Episode of Flat-Land or How a Plane Folk Discovered the Third Dimension", in dem es um den Kampf zweier Völker geht – nicht unähnlich der „Zeitmaschine" von H. G. Wels - und die positiven Wirkungen der vierten Dimension im Rahmen der Erziehung

Insgesamt lässt sich festhalten, dass Hinton hauptsächlich auf die Science fiction Literatur, insbesondere mit seinen Ausführungen zum Hyperwürfel (Tesserakt), gewirkt hat. Als Belege hierfür werden genannt:

> Charles Leadbeater's *Clairvoyance* (1899), Claude Bragdon's *A Primer of Higher Space* (1913), Algernon Blackwood's *Victim of Higher Space* (1914), H. P. Lovecraft's *The Shadow Out of Time (1935)*, Robert Heinlein's "—*And He Built a Crooked House*—"(1941), Madeleine L'Engle's *A Wrinkle in Time* (1962), and Christopher Nolan's film *Interstellar* (2014).[176]

12.   Was ist Mathematik?

Letztlich ging es in den geschilderten Auseinandersetzungen um die vierte Dimension auch, vielleicht gerade, um die Frage „Was ist Mathematik?": Ist sie eine anwendungsorientierte Wissenschaft, die ihre Inspirationen und ihre Legitimation aus der Lösung von im weitesten Sinne praktisch relevanten Fragen bezieht, oder wird sie zur Pflege des Denkens, zur Ehre des menschlichen Geistes, betrieben? Letztere Auffassung kennt eigentlich nur noch eine Schranke für die Mathematik, den Widerspruch, den es

---

[175]The merit of speculations on the fourth dimension – a merit the present work possesses in full measure – is chiefly that they stimulate the imagination, and free the intellect from the shackles of the actual. A complete intellectual liberty would only be attained by a mind which could think as easily of the non-existent as of the existent. Towards this unattainable goal, non-Euclidean geometry carries us a stage; and some degree of emancipation from the real world is likely to be secured by the readers to whom this book is addressed.

[176]Vgl. englische Wikipedia, dabei bezieht sie sich auf White 2018.

unbedingt zu vermeiden gilt. Erstere unterliegt engeren Grenzen, unnütze Geistesprodukte sind unerwünscht; letztere entwickelt sich zumindest im Prinzip autonom. Die letztere Sicht auf die Mathematik wurde nach 1900 sehr einflussreich und schließlich mit dem Label „moderne Mathematik"[177] versehen, Parallelen zu Entwicklungen in der Kunst liegen auf der Hand, man denke nur an „l'art pour l'art", Kunst, um der Kunst willen. H. Poincaré (1854 – 1912) wird ein Bonmot zugeschrieben, das den Gegensatz auf den Punkt bringt. Er war der Meinung, dass man in der Mathematik nicht die Probleme behandeln solle, die man sich stellt, sondern diejenigen, die sich stellen. Bei H. Mehrtens wird Poincaré folglich auch zum Anti-Modernen, weil er die Entwicklungsmöglichkeiten der Mathematik mit seiner Einstellung einschränkt.[178] Nun sind aber auch moderne Mathematikerinnen und Mathematiker auf Finanzierung angewiesen — und damit oft auf die Frage verwiesen, ist das denn wichtig? Damit findet aber die Autonomie ihre Grenzen, sozusagen „geheime" Kriterien kommen ins Spiel.

Paradigmatisch vertreten wurde die moderne Mathematik durch das Unternehmen Bourbaki[179] und seinem 1934 mit einer ersten Veröffentlichung begonnene Versuch, neue „Elemente der Mathematik" zu schreiben. Godfrey Harold Hardy (1877-1947) schrieb 1940 in Kriegszeiten, eine schwierige Zeit für bekennende Pazifisten wie ihn[180], den Essay „A Mathematician's Apology", eine Verteidigung der reinen Mathematik – man könnte auch sagen, des Elfenbeinturms. Diesen hatten zwischenzeitlich viel Mathematikerinnen und Mathematiker aller Herren Länder verlassen, um die Kriegsforschung zu unterstützen. Hatte doch die Rakete den Krieg zu einer rein mathematischen Angelegenheit gemacht, wie Peter Bamm (1897–1975) feststellte.

Bekannt aber wurde die moderne Mathematik vor allem durch den Versuch, den Mathematikunterricht zu reformieren – „neue Mathematik" oder „Mengenlehre" wurden zu in der zweiten Hälfte der 1960iger Jahre breit diskutierten oft negativ konnotierten Schlagwörtern, vgl. etwa den Buchtitel „Eltern lernen die neue Mathematik" (W. R. Fuchs), kritisch dazu

---

[177] Man vgl. hierzu die einschlägige Publikation von Herbert Mehrtens (Mehrtens 1990).

[178] Ein Punkt, der hierbei eine Rolle gespielt haben könnte, war, dass Poincaré die Elite-Ingenieurschule der französischen Republik, die *Ecole polytechnique*, besucht hatte und kurze Zeit sogar als Ingenieur im Bergbau gearbeitet hat. Vgl. Galison 2006.

[179] Bourbaki ist ein Pseudonym, hinter dem sich eine sich permanent erneuernde Gruppe von hauptsächlich französischen Mathematikern verbirgt.

[180] Anders als Hardy änderte Freund B. Russell seine pazifistische Haltung im Zweiten Weltkrieg.

„Warum Hänschen nicht rechnen kann" (M. Kline). Ähnlich wie nach Zöllner rückte die Mathematik wieder ins öffentliche Bewusstsein.

Gegen Ende des 20. Jhs. änderte sich die Orientierung nicht zuletzt unter dem Einfluss der neuen Rechenmöglichkeiten, die die Computertechnologie eröffnete: Die anwendungsorientierte Mathematik erfreute und erfreut sich zunehmender Beliebtheit – eine Renaissance, wie wir gesehen haben. Die Akten sind somit noch nicht geschlossen.

Literatur

Ampère, A. M. 1834. *Essai sur la philosophie des sciences.* Paris: Bachelier.

Anonym. 1878. Der Spiritismus in Leipzig. *Im neuen Reich* 8, Band I, S. 721 – 735. – Als Verfasser gilt A. Dove.

Anonym. 1878. *Mr. Slade's Aufenthalt in Wien. Ein offener Brief an seine Freunde.* Wien: Fischer Comp. - Als Verfasser gilt Lazare von Hellenbach.

Becker, H. C. 1872. Ueber die neuesten Untersuchungen in Betreff unserer Anschauung vom Raume. *Zeitschrift für Mathematik und Physik* 17, S. 314 – 332.

Boole Stott, A. 1900. On certain Series of Sections of the Regular Four-dimensional Hypersolids. *Verhandlingen van de Koninklijke Akademie van Wetenschappen te Amsterdam.* Eerste Sectie, Deel VII (3). Amsterdam: Joh. Müller, S. 3 – 21 nebst 5 Tafeln.

Boole Stott, A. 1907. On five pairs of semi-regular four dimensional cells derived from the six regular cells of Sp4. *Proceedings of the Section of Sciences, Koninklijke Akademie van Wetenschappen te Amsterdam* 10, S. 499-503.

Boole Stott, A. 1908. On Models of Three-dimensional Sections of Regular Hypersolids in space of Four Dimensions. *Report of the British Association for the Advancement of Science.* 77th meeting. Leicester 31.7.1907 – 7.8.1907. London: Murray. S. 460 – 461.

Boole Stott, A. 1910. Geometrical deduction of semiregular from regular polytopes and space fillings. *Verhandelingen der Koninklijke Akademie van Wetenschappen,* Eerste Sectie, Deel XI (1). Amsterdam: Müller, 1910, S. 3-24.

Boole Stott, A./Schoute, P. H. 1908. On the sections of a block of eightcells by a space rotating about a plane. *Verhandelingen der Koninklijke Akademie van Wetenschappen te Amsterdam*, Deel IX (7), S. 3 – 25.

Cauchy, A. L. 1847. Mémoire sur les lieux analytiques. *Comptes rendus de l'Académie des Sciences* 24, 885 – 889. Zitiert nach *Oeuvres complètes*. 1. série, tome I. Paris: Gauthier-Villars, S. 292 – 295.

Coxeter, H. S. M. 1973. *Regular polytopes*. New York: Dover.

Cranz, C. 1890. *Gemeinverständliches über die vierte Dimension*. Hamburg: Verlagsanstalt und Druckerei A. G.

Cranz, C. 1890. Die vierte Dimension in der Astronomie. *Himmel und Erde* 4, S. 55 – 73.

Durège, H. 1880. Über die Hoppe'sche Knotenurve. *Sitzungsberichte der Kaiserlichen Akademie der Wissenschaften. Mathematisch-naturwissenschaftliche Classe*, II. Abtheilung 82, S. 135 – 146.

Elcho, R. 1878. Prof. Zöllner und die Knoten der vierdimensionalen Wesen. *Volks-Zeitung*. Mittwoch, 27. März 1878 (Erstes Blatt).

Elcho, R. 1878. Mr. Slade, das Schreibmedium. Eine spiritistische Studie. *Die Gartenlaube* 25, S. 793 – 796.

Epple, M. 1999. *Die Entstehung der Knotentheorie*. Braunschweig/Wiesbaden: Vieweg.

Everest-Boole, M. 1909. *Philosophy and fun of Algebra*. London: C. W. Daniel.

Fechner, G. Th. 1846. *Vier Paradoxa*. Leipzig: Voß.

Galison, P. 2006. *Einsteins Uhren, Poincarés Karten*. Die Arbeit an der Ordnung der Zeit. Frankfurt a. M.: S. Fischer.

Gebser, J. 1973. *Ursprung und Gegenwart. 1. Teil. Die Fundamente der aperspektivischen Welt*. München: DTV.

Hall, T. P. 1893. The Projection of Fourfold Figures upon a Three-Flat. *American Journal of Mathematics* 15, S. 179 – 189.

Hegel, G. W. 1975. *Phänomenologie des Geistes*. Frankfurt a. M.: Suhrkamp.

Heidelberger, M. 1993. *Die innere Seite der Natur. Gustav Theodor Fechners wissenschaftlich-philosophische Weltauffassung.* Frankfurt a. M.: Klostermann.

Helmholtz, H. 1865. Ueber die thatsächlichen Grundlagen der Geometrie. *Verhandlungen des naturhistorisch-medicinischen Vereins zu Heidelberg* 4, S. 197 – 202. Der Artikel wurde erst 1868 geschrieben.

Helmholtz, H. 1868. Ueber die Thatsachen, die der Geometrie zum Grunde liegen. *Nachrichten von der Königlichen Gesellschaft der Wissenschaften zu Göttingen aus dem Jahre* 1868, S. 193 – 221.

Helmholtz, H. 1869. Correctur zu dem Vortrag vom 22. Mai 1868, die thatsächlichen Grundlagen der Geometrie betreffend von H. Helmholtz. *Verhandlungen des naturhistorisch-medicinischen Vereins zu Heidelberg* 5, S. 31 – 32.

Helmholtz, H. 1896. Ueber den Ursprung und die Bedeutung der geometrischen Axiome. In: Helmholtz, H. *Vorträge und Reden.* Band 2. Braunschweig: Vieweg, vierte Auflage.

Henderson, L. D. 1983. *The Fourth Dimension and Non-Euclidean Geometry.* Princeton: Princeton University Press.

Henderson, L. D. 2007. Modernism and Science. In: *Modernism,* ed. by A. Eysteinsson. Amsterdam: Benjamin's, S. 383 - 403.

Hinton, C. H. 1886. *Scientific romances.* London: Swan Sonnenschein; Nachdruck Milton Keynes Merchant Books, 2008).

Hinton, C. H. 1888. *A New Era of Thought.* London: Swan Sonnenschein.

Hinton, C. H. 1904. *The fourth dimension.* London: George Allen & Unwin Ltd.

Ibáñez, R. 2016. *Die vierte Dimension. Eine höhere Wirklichkeit unseres Universums.* Kerkdriel: Libero.

Jouffret, E. 1903. *Traité élémentaire de géométrie à quatre dimensions et introduction à la géométrie à n dimensions.* Paris : Gauthier-Villars.

Kaufholz, E./Ostwald, N. (eds.) 2020. *Against all Odds.* New York u.a. ; Springer.

Kellerhals, R. 2010. Ludwig Schläfli - ein genialer Schweizer Mathematiker. *Elemente der Mathematik* 65, S. 165 – 177.

Killing, W. 1893. *Einführung in die Grundlagen der Geometrie*. Erster Band. Paderborn: Schöningh.

Klein, F. 1926. *Vorlesungen über die Entwicklung der Mathematik im 19. Jahrhundert*. Teil 1. Berlin: Springer – Nachdruck der beiden Teile in einem Band Berlin/Heidelberg/New York: Springer, 1979.

Lasswitz, K. 1883. Prost *Zeitschrift für den mathematischen und naturwissenschaftlichen Unterricht* 14, S. 312 – 318.

Ludwig, C. 1879. Die Vivisection vor dem Richterstuhl der Gegenwart. *Die Gartenlaube* Heft 25, S. 417 – 420.

MacHale, D. 1985. *George Boole*. Dublin: Boole Press.

Meinel, Chr. 1991. *Karl Friedrich Zöllner und die Wissenschaftskultur der Gründerzeit. Eine Fallstudie zur Genese konservativer Zivilisationskritik*. Berlin: ERS-Verlag.

Möbius, A. F. 1827. *Der barycentrische Calcul*. Leipzig: Barth.

Moszkowski, A. 1921. *Einstein. Einblicke in seine Gedankenwelt*. Hamburg-Berlin: Hoffmann und Campe/Fontane.

Palladino, E. 2002. La méthode expérimentale et la « diva des savants ». In : *Des savants face à l'occulte 1870 – 1940*, éd. par B. Bensaude-Vincet et Chr. Blondel. Pairs : Editions la Découverte, S. 125 - 142

Polo-Blanco, I. 2007. *Theory and History of Geometric Models* [Proefschrift]. Universitet Groningen : Academic Press Europe.

Polo-Blanco, I. 2008. A classical approach to the study of Archimedean four-dimensional polytopes. *Mathematische Semesterberichte* 55, S. 107 – 112.

Preyer, W. 1879. Der thierische Magnetismus und der Mediumismus einst und jetzt. *Deutsche Rundschau* 17, S. 75 – 94.

Rucker, R. von Bitter. 1990. *Speculations on the Fourth Dimension. Selected Writings of Charles H. Hinton*. New York: Dover.

Rudel, K. 1877. *Von den Elementen und Grundgebilden der synthetischen Geometrie*. Bamberg: Schmidt.

Rudel, K. 1882. *Vom Körper höherer Dimension*. Kaiserslautern: Kaysers.

Russell, B. 1904. Besprechung von Hinton 1904. *Mind* 13, S. 573 – 574.

Schenkel, E. 2001. H. G. Wells. *Der Prophet im Labyrinth*. Wien: Zsolny.

Schenkel, E. 2006. Ghostly Geometry. In. *Magic, Science, Technology, and Literature*, hg. von J. Mildorf, H. U. Seeber, M. Windisch. Berlin: LIT Verlag, S. 179 – 190.

Schenkel, E. 2016. *Keplers Dämon. Begegnungen zwischen Literatur, Traum und Wissenschaft*. Frankfurt a. M.: Fischer.

Schläfli, L. 1901. *Theorie der vielfachen Kontinuität*. Zürich: Zürcher und Furrer – zitiert nach Schläfli, L. *Gesammelte Abhandlungen* Band 1 (Basel: Birkhäuser 1950), S. 167 – 387.

Schläfli, L. 1858/1860. On the multiple integral $\int dxdy\ldots dz$
. *Quarterly Journal of mathematics* 2, 269 – 301 und *Quarterly Journal of Mathematics* 3, S. 54 – 68 sowie S. 97 – 108.

Schläfli, L. 1867. Über die Entwickelbarkeit des Quotienten zweier bestimmter Integrale der Form $\int dxdy\ldots dz$
. *Journal für die reine und angewandte Mathematik* 67, S. 183 – 199.

Schlegel, V. 1886. Über Stand und Entwicklung der n-dimensionalen Geometrie mit besonderer Berücksichtigung der vierdimensionalen. *Nova Acta Leopoldina* 22, S. 92 – 96, 108 – 110, 133 – 135 und 149 -163.

Schlegel, V. *Ueber den sogenannten vierdimensionalen Raum*. Berlin: Riemann.

Schoute, P. H. 1905. *Mehrdimensionale Geometrie*. I. Teil. Leipzig: Göschen, II. Teil. Leipzig: Göschen.

Schubert, H. C. H. 1893. The Fourth Dimension. Mathematical and Spiritualistic. *The Monist* 3, S. 402 – 443.

Schubert, H. C. H. 1900. *Mathematische Musestunden*. Band 3. Leipzig: Göschen, zweite Auflage.

Simon, M. 1908. *Didaktik und Methodik des Rechnens und der Mathematik*. München: Beck.

Staubermann, K. 2001. Tying the knot: skill, judgement and authority in the 1870s Leipzig spiritistic experiments. *British Journal for the History of Science* 34, S. 67 – 79.

Steiner, R. 1995. *Die vierte Dimension. Mathematik und Wirklichkeit*, hg. von R. Ziegler unter Mitarbeit von U. Trapp. Dornach: Rudolf Steiner Verlag.

Stewart, R./Tait, P. G. 1882. *The Unseen Universe or Physical Speculations on a Future State.* London: Macmillan.

Stringham, W. I. 1880. Regular figures in n-dimensional space. *American Journal of Mathematics* 3, S. 1 – 14.

Stumpf, C. 1878. In der vierten Dimension. *Philosophische Monatshefte* 14, S. 13 – 20.

Tait, P. G. 1878. Zöllner's Scientific Papers. *Nature* 17 (November 1877 – April 1878), S. 420 -422.

Tait, P. G. 1879. On Knots. *Transactions of the Royal Society of Edinburgh* 28, S. 145 – 190.

Tischner, R. 1922. *Vierte Dimension und Okkultismus von Friedrich Zöllner.* Leipzig: Mutze.

Treitel, C. 2004. *A Science for the Soul: Occultism and the Genesis of the German Modern.* Baltimore und London: John Hopkins University Press.

Volkert, K. 2010. Are there points at infinity? In: L. Bioesmat-Martagon (éd.): *Eléments d'une biographie de l'espace projectif.* Nancy : PUN, S. 197 - 205.

Volkert, K. 2013. *Das Undenkbare denken. Die Rezeption der nichteuklidischen Geometrie im deutschsprachigen Raum (1860-1900).* Berlin-Heidelberg: Springer-Spektrum.

Volkert, K. 2018. *In höheren Räumen. Der Weg der Geometrie in die vierte Dimension.* Berlin-Heidelberg : Springer Spektrum.

Weitzenböck, R. W. 1956. *Der vierdimensionale Raum.* Basel/Stuttgart: Birkhäuser.

Wells, H. G. 1897. *The Plattner Story and Others.* London: Methuen & Co.

Wendt, H. 1937. Die gordische Auflösung von Knoten, *Mathmatische Zeitschrift* 42, 680 - 696).

Werner, G. 2002. *Mathematik im Surrealismus. Man Ray – Max Ernst – Dorothea Tanning.* Marburg: Jonas Verlag.

White, Chr. G. 2018. *Other Worlds: Spirituality and the Search for Invisible Dimensions.* Boston: Harvard University Press.

Wundt, W. 1879. *Der Spiritismus. Eine sogenannte wissenschaftliche Frage.* Leipzig: Engelmann.

Zöllner, K. Fr. 1876. *Principien einer elektrodynamischen Theorie der Materie.* Erster Band. Erstes Buch: *Abhandlungen zur atomistischen Theorie der Elektrodynamik von Wilhelm Weber.* Leipzig: Engelmann.

Zöllner, K. Fr. 1878. *Wissenschaftliche Abhandlungen.* Erster Band. Leipzig: Staackmann.

Zöllner, K. Fr. 1878. On Space of Four Dimensions. *Quaterly Journal of Science* 15 (alte Zählung) bzw. 8 (neue Zählung), S. 227 – 237.

Zöllner, K. Fr. 1878. *Wissenschaftliche Abhandlungen.* Theil II. Erster Band. Leipzig: Staakmann.

Zöllner, K. Fr. 1879. *Wissenschaftliche Abhandlungen.* Theil II. Zweiter Band. Leipzig: Staakmann.

Zöllner, K. Fr. 1894. *Beiträge zur deutschen Judenfrage, mit akademischen Arabesken.* Leipzig: Mutze.

Mathematiker als Schriftsteller und Dichter: Geometrie und Naturphilosophie, 1700–1900
David E. Rowe

1. Charles Dodgsons Euklid

Die Vertrautheit der Briten mit Euklids *Elementen* wie auch ihre Bewunderung für die antike griechische Kultur wird oft hervorgehoben. Abbotts *Flatland* richtet sich insofern an eine Leserschaft, die von der Schule her ein Bild von der Geometrie im Stile Euklids besaß. Diese Umstände werden manchmal zumindest als Teilerklärung dafür angegeben, dass die nichteuklidische Geometrie selbst bei führenden englischen Mathematikern kaum Interesse erweckt hat. Es gab zudem noch andere wichtige Differenzen zwischen den mathematischen Kulturen in Großbritannien und auf dem kontinentalen Europa, z.B. in Bezug auf die Infinitesimalrechnung. Der alte Streit zwischen den Bewunderern Newtons und den Anhängern von Leibniz ging in Laufe des 18. Jahrhunderts zu Ende, nicht aber ohne Spuren zu hinterlassen.

Es war Robert Simson, Professor in Glasgow, der mehr als jeder andere den Grundstein für diese unverwechselbare britische Tradition der Bewunderung für Euklids *Elemente* legte, die schließlich ihren Höhepunkt mit deren englischer Edition von Thomas Little Heath erreichte [Heath 1908]. Da Lateinisch im achtzehnten Jahrhundert immer noch die Hauptsprache europäischer Gelehrten war, brachte Simson 1756 zwei neue Übersetzungen von Euklid heraus [De Risi 2016]. Die erste, basierend auf der bekannten Ausgabe, die 1572 von Federerico Commandino veröffentlicht wurde, trug den Titel *Euclidis Elementorum libri priores sex item undecimus et duodecimus ex versione latina Federici Commandini*. Simsons englische Fassung hat einen noch aufwendigeren Titel: *The Elements of Euclid, viz. the first Six Books together with the Eleventh and Twelfth. In this Edition, the Errors, by which Theon, or others, have long ago Vitiated these Books, are Corrected, and some of Euclid's Demonstrations are Restored.*

Wenn man das heute liest, fallen die übertriebenen Ansprüchen des Herausgebers sofort auf. Simson behauptete nicht nur, dass er alle mathematischen Fehler in der Edition Commandinos identifiziert und korrigiert habe, er kündigte zudem noch an, dass diese durch Eingriffe von inkompetenten Kommentatoren zustande gekommen seien, unter denen er Theon von Alexandria namentlich aufführte. Simsons Ansichten

D. E. Rowe, K. Volkert, *Jenseits von Flachland*, Mathematik im Kontext, https://doi.org/10.1007/978-3-662-66861-0_2

als Herausgeber der maßgebenden englischen Ausgabe der *Elemente* waren sehr einflussreich. Viele andere teilten seine Meinung, dass Theon und andere Bearbeiter die vormals beinah perfekten Urtexte Euklids beschädigt hätten, die in Simsons Augen sicherlich existiert haben müssen. Dies trug zu der Ansicht, die sich lange hielt, bei, wonach Theon und Pappus Vertreter einer griechischen Mathematik im Verfall gewesen seien. Immerhin spiegelte Simsons fester Glaube an die „wahren Alten", deren Werke von späteren Kommentatoren missverstanden worden seien, nahezu dieselben Ansichten wider, die seine älteren Zeitgenossen Isaac Newton und Edmond Halley teilten.

Die Werke von Euklid und Newton bekamen einen festen Platz im Lehrplan der Cambridge University, die für ganz England als Vorbild diente. Die neue nichteuklidische Geometrie wurde dort allerdings nicht bekämpft, sie blieb vielmehr so gut wie unbeachtet. Nur sehr wenige Briten hatten mal von den neuen nichteuklidischen Geometrien gehört, die erst ab Ende der 1860er Jahren unter einigen kontinentalen Mathematikern ernsthaft diskutiert wurden.[181] Abgesehen von W.K. Clifford, der schon 1879 starb, nachdem er die Ideen Riemanns mit großer Begeisterung aufgenommen hatte, und einer vorübergehenden Auseinandersetzung zwischen Helmholtz und seinen englischen Kritikern, die allesamt den empirischen Standpunkt des deutschen Physikers ablehnten, gingen diese neue Ideen an den Mathematikern Großbritanniens völlig vorbei. Wir wollen nun diesen Vergleich zwischen den britischen und deutschen Kulturkreisen näher untersuchen und zwar hauptsächlich von Seiten der Gegner der neuen Geometrien, d.h. von denjenigen Mathematikern, die nicht zu den „Gewinnern" gehört haben.

Zurückschauend auf die merkwürdige britische Faszination von Euklid, machte Felix Klein darauf aufmerksam, dass hierbei das englische Unterrichtssystem eine große Rolle spielte. Er sah darin einen starken Gegensatz zu den Verhältnissen an deutschen Schulen. „Bei uns", so schrieb er, „wird an jeder einzelnen Schule der Schüler von den Lehrern geprüft, die ihn genau kennen, und dabei soll seiner Individualität weitgehend Rücksicht getragen werden. Dafür haben wir aber einheitliche Lehrpläne, die hinsichtlich des Stoffes und der Gestaltung des Unterrichts für alle Schulen bestimmte allgemeine Richtlinien vorschreiben" [Klein 1925, 231]. Die Schulen und Lehrer in England konnten hingegen im Prinzip über die Inhalte des Unterrichts völlig frei entscheiden, nur durften sie ihre Schüler nicht selbst prüfen.

---

[181]Für die Rezeption ab dieser Zeit im deutschsprachigen Raum siehe [Volkert 2013].

Dafür gab es Examenskommissionen, die die Aufgabe hatten, zentrale Prüfungen durchzuführen. Mit einem gewissen Entsetzen beschrieb Klein die fast unmenschliche Seite dieser Einrichtungen, wo gegen 1900 in London etwa 24 000 Schüler jährlich geprüft wurden:

> ...alle erhalten dieselben Aufgaben, dieselben Fragen. Der Examinator hat zur Durchsicht dieser Aufgaben 30 Assistenten, von denen jeder also noch 800 Mal dieselbe Arbeit zu korrigieren hat. Natürlich fände sich zu dieser Arbeit niemand, wenn sie nicht sehr gut bezahlt würde. [Klein 1925, 231]

Für den Unterricht in Geometrie brauchte man deswegen Standardwerke und diese waren von alters her nach dem Muster der *Elemente* Euklids, aber in gekürzter Form in verschiedenen Lehrbüchern zur Verfügung gestellt. Der Schwerpunkt lag dabei auf der Stärkung des logischen Denkens und viel weniger auf die Vermittlung geometrischer Sachkenntnisse. Diese Tendenz passte bestens zu den Ansichten des Mathematikers Charles Dodgson, der Euklid vor allem als Architekt verehrte. Seine Auffassungen hierzu hat er ausführlich in seinem merkwürdigen Buch *Euclid and his Modern Rivals* [Dodgson 1879/1885] dargelegt, und zwar in Form eines Theaterstücks, das erstmalig im Jahre 1879 unter dem Pseudonym Lewis Carroll erschien: Der Mathematiker Charles Dodgson war in der Tat der Autor der berühmten Kinderbücher *Alice im Wunderland* und *Alice im Spiegelland*. Diese Werke zeigten seine Begabung dafür, Wortspiele und Logik mit Fantasie zu verbinden, d.h. mathematische Bilder in literarischer Form umzuwandeln, und zwar so, dass der Leser kaum merkt, dass es sich dabei um etwas Mathematisches handelt.

Dodgson besuchte ab Mai 1850 das *Christ Church College* in Oxford, wo er Mathematik, Theologie und klassische Literatur studierte. Ein Jahr nach Abschluss seines Studiums 1854 wurde er als Tutor für Mathematik am Christ Church eingestellt. In erster Linie unterrichtete er elementare Geometrie auf der Grundlage von Euklids *Elementen*, eine Aufgabe, die ihn oft langweilte, vor allem, weil seine Studenten nur selten daran interessiert waren. So wurde er später ein gefeierter Schriftsteller, während seine Kreativität als Mathematiker nur in kleineren Kreisen Beachtung fand. Dennoch blieb er 26 Jahre in seiner Stelle als Tutor in *Christ Church*.

In Dodgsons Jugend waren Euklids *Elemente* das Standardlehrwerk in Schulen und Universitäten. Es diente nicht nur als Lehrbuch für Geometrie, sondern auch für logisches Schließen überhaupt. Diese Tradition wurde jedoch zunehmend in Frage gestellt, bis Kritiker eine *Association for the Improvement of Geometrical Teaching* gründeten [Moktefi 2011]. Einige meinten, dass die *Elemente* völlig ungeeignet als Lehrbuch seien, während viele ältere Mathematiker, neben Dodgson vor allem Augustus De Morgan und Isaac Todhunter, diese Argumente zurückwiesen. Der erste mit Euklid konkurrierende Lehrplan von 1877 stieß bei den Universitäten auf breite Ablehnung. Trotz Überarbeitungen erlaubten 1890 nur zwei britische Universitäten (London und Edinburgh) beliebige Lehrbücher für Geometrie, während alle anderen Universitäten weiterhin darauf bestanden, dass die Axiome und die Reihenfolge der Lehrsätze weitgehend Euklids *Elementen* zu folgen hätten. Diese Reformbewegung der 1870er Jahren war in vollem Gang als Dodgson im Jahre 1879 *Euclid and his Modern Rivals* schrieb. Zu diesem Zeitpunkt verfügte er als Dozent bereits über langjährige Erfahrungen mit dem klassischen englischen Zugang zur Geometrie. Erst mit dem Beginn des 20. Jahrhunderts wurden in Großbritannien die *Elemente* als verbindliches Lehrwerk langsam aufgegeben.

Die Eröffnungsszene in Lewis Carrolls Theaterstück erinnert an den berühmten Monolog am Anfang von Goethes *Faust*. Allerdings ist es bei Carroll ein Professor der Mathematik, der in seinem Studierzimmer an einem englischen College sitzt. Es ist schon Mitternacht und vor ihm liegt ein gewaltiger Stapel von Klausuren, die er mit Hilfe seines jüngeren Kollegen Rhadamanthus mühsam korrigieren und benoten muss. Bevor er überhaupt spricht, sehen wir, dass er wie ein Märtyrer leidet. „His hair, from much running of fingers through it, radiates in all directions, and surrounds his head like a halo of glory, or like the second Corollary of Euc. I.32 [added by Robert Simson]" [Dodgson 1879/1885, 1]. Man merkt schon hier, dass die vermutlich legendäre Inschrift am Eingang zu Platons Akademie, wonach jedem der Geometrie Unkundigen der Eintritt verwehrt werde, für dieses Theaterstück voll zutrifft.

Der Professor heißt Minos, womit Dodgson auf eine berühmte Figur in der griechischen Mythologie anspielt. Minos, der Sohn des Zeus und Europas, wurde später König von Kreta. Nach seinem Tode herrschte er als Richter der Toten in der Unterwelt, wo sein Bruder Rhadamanthus ihm zur Seite stand. Bei Dodgson tritt er als ein ermüdetes Mitglied einer Examenskommission auf, das Klausuren in Geometrie korrigieren müsste. Er befindet sich also im übertragenen Sinne in der Hölle.

Minos erregt sich zunächst darüber, wie ein Student Euklids Satz 19 aus Satz 20 folgert, indem er das Lehrbuch Legendres zitiert, wobei er früher den Satz 20 aus Satz 19 nach Euklids Muster bewiesen hat. Der jüngere Kollege Rhadamanthus tritt dann ein und beschwert sich über einen scheinbar belanglosen Beweis eines anderen Studenten, der eine Definition aus einem Lehrbuch von Cooley verwendet hatte. Als Minos vom Inhalt der Definition von Parallellinien nach Cooley erfährt, sagt er:

> Mr. Cooley quietly assumes that a pair of Lines, which make equal angles with one Line, does so with all Lines. He might just as well say that a young lady, who was inclined to one young man, was 'equally and similarly inclined' to all young men! [Dodgson 1879/1885, 3]

Dennoch musste Minos nachgeben und die Antwort als richtig anerkennen. ("Oh, give it full marks! What have we to do with logic, or truth, or falsehood, or right, or wrong?" [Dodgson 1879/1885, 4].) Rhadamanthus zeigt ihm dann eine Klausur, in welcher ein Schüler das Lehrbuch *Elementary Geometry* von James Wilson als Quelle angab. Es handelt sich um einen direkten Beweis dafür, dass die Winkelsumme in einem Dreieck immer zwei Rechte beträgt (also Euklid I.32). Beim Beweis braucht Euklid das Parallelenpostulat, denn dieses geht vorab in den Beweis von I.29 ein, während Wilson gewisse Transformationen zulässt, wodurch er die Parallelentheorie aus anderen Prinzipien begründen konnte.

Rhadamanthus findet diese ganze Vorgehensweise unfassbar und fragt Minos, was er von Wilsons Buch halte. Sein älterer Kollege antwortet:

> ...this is a sharp man. ...Did you ever see one of those conjurers bring a globe of live fish out of a pocket handkerchief? That's the kind of thing we have in Modern Geometry. A man stands before you with nothing but an Axiom in his hands. He rolls up his sleeves. "Observe, gentlemen, I have nothing concealed. There is no deception!" And the next moment you have a complete theorem, Q.E.D. and all! [Dodgson 1879/1885, 4]

Rhadamanthus ist höchst unglücklich, „all this rubbish" durchgehen lassen zu müssen. Er berichtet ferner, dass er am selben Tag eine Lieferung von 45 Lehrbüchern erhalten habe, die für diese Unmengen von Klausuren zugelassen worden waren. Er verlässt Minos, um weiter an die Arbeit zu gehen, während Minos, vom Schlaf überfallen, an seinem Arbeitstisch sitzend leise zu schnarchen beginnt. Damit endet der Prolog und alles, was danach folgt, findet in der Traumwelt des Schlafendens statt.

Im ersten Aufzug tritt nun der Geist von Euklid ein. Ohne sich vorzustellen, fragt er Minos, was das Wichtigste in einem

Geometrie-Lehrbuch sei. Minos antwortet ihm, dass klare Definitionen und logische Schlüsse wichtiger als eine vollständige Darstellung seien. Er meint, dass der Text Euklids völlig ausreichend sei, obwohl ihm seine Gegner vorwürfen, altmodische Argumente zu verwenden. Euklid verlangt, dass Minos die Berechtigung dieser Kritik überprüfe. Hierzu sollte er mehrere Lehrbücher untersuchen, welche Vertreter der Euklid-Gegenseite als Ersatz für die *Elemente* empfohlen haben. Er nennt dabei eine Reihe von dreizehn Lehrbüchern, die Minos in Bezug auf die Qualität der Beweisführung mit seinem eigenen – also Euklids - Werk vergleichen solle. Weil es sich um Darstellungen für Anfänger handelte, einigen sich Minos und Euklid, dass die Untersuchung auf die Inhalte der ersten beiden Bücher der *Elemente* beschränkt werden solle, also auf die Grundprinzipien und die Sätze 1 bis 48 aus Buch I sowie die Sätze 1 bis 14 aus Buch II. Es handelt sich dabei um die elementaren Kongruenzsätze und die Flächeninhalte geradliniger Figuren, weder die Kreislehre noch ähnliche Figuren kommen zur Sprache. Genau diese Inhalte hatte Dodgson schon in seinem modernisierten Lehrbuch [Dodgson 1882] auf der Grundlage Euklids publiziert.

Minos drückt seine Bedenken aus, dass dies eine übermäßige Arbeit für ihn bedeuten würde, und er fragt den Geist Euklids, ob es ihm nicht möglich sei, seine übernatürlichen Kräfte einzusetzen, um die Autoren selbst als Zeugen vorzuladen. Der Geist bedauert, diese Bitte nicht erfüllen zu können. ("The living human race is so strangely prejudiced. There is nothing men object to so emphatically as being transferred by ghosts from place to place" [Dodgson 1879/1885, 17]). Um Minos jedoch die Arbeit zu ersparen, alle diese Bücher selbst lesen zu müssen, bietet Euklid an, den Geist eines deutschen Professors zu holen, der alle in Betracht kommenden Bücher gelesen hat. Dieser sei übrigens auch bereit, jede These zu vertreten, ob wahr oder falsch. Minos fragt, wie dieser denn heiße. Daraufhin erklärt Euklid ihm, dass Geister keine Namen trügen, sondern nur Nummern. Er schlägt aber vor, Minos solle ihn „Herr Niemand" nennen und ihm die Aufgabe übertragen, die Werke der nicht anwesenden Autoren stellvertretend zu verteidigen. In Laufe dieser Diskussion erklärte sich Minos bereit, den Richtlinien Euklids zu folgen. Er wird also mit Hilfe Herrn Niemands die dreizehn konkurrierenden Lehrbücher in Bezug auf vier vorab diskutierte wesentliche Aspekte prüfen. Weil Euklid sich weigert, selbst auf die einzelnen Werke seiner Rivalen einzugehen, verabschiedet er sich, und lässt Herr Niemand kommen.

Am Anfang des zweiten Aufzugs finden wir Minos immer noch schlafend, als der Geist des Herrn Niemand eintritt. Dem Geist Euklids gegenüber hat sich Minos eher mild und nachgiebig verhalten, während er Herrn Niemand von Anfang an respektlos behandelt. Dodgson malte diesen komischen Typ sicherlich als Karikatur eines deutschen Gelehrten, der vorschnell vieles behauptet, ohne klare Argumente vorbringen zu können. Ob dieses Bild Dodgsons allgemeine Ansichten widerspiegelt, muss dahingestellt bleiben. Viel problematischer war auf jeden Fall die Art und Weise, wie er die Werke einiger namhafter zeitgenössischen Autoren lächerlich machte. Die drei letzten Aufzüge machen umso mehr deutlich, dass dieses Stück sicherlich nicht auf eine Bühne gelangen sollte oder konnte. Die Struktur derselben folgt hauptsächlich den Inhalten der jeweiligen dreizehn Lehrbücher. Im zweiten Aufzug werden die sieben Werken behandelt, in denen die Autoren einen von Euklids wesentlich abweichenden Zugang zur Parallelentheorie entwickelten. Danach widmete Dodgson im dritten Aufzug fünf anderen Autoren eine kürzere Kritik, bevor er eine längere Diskussion über den Lehrplan der *Association for the Improvement of Geometrical Teaching* brachte zusammen mit einer eingehenden Kritik des neueren Lehrbuchs von Wilson, das diesem Lehrplan folgt. Im abschließenden vierten Aufzug erscheint der Geist Euklids wieder, um des Richters Urteil zu erfahren, aber auch um über einige Punkte zu diskutieren, die man in einer modernisierten überarbeiteten Fassung der *Elemente* Euklids berücksichtigen sollte. Abgesehen von einigen zwischendurch eingeflochtenen witzigen Bemerkungen könnte die Handlung kaum trockener sein. Mit Ausnahme von Thomas Little Heath, Herausgeber der englischen Standardedition der *Elemente*, gab es wohl wenig Menschen, die es geschafft haben, das Stück mit Genuss bis zum Ende gelesen zu haben.[182]

Auffallend ist auch, wie Dodgsons Euklid die ganze Handlung dominiert. Gleich im ersten Aufzug will er vorab mit Minos über vier Hauptpunkte sprechen, die er für besonders wichtig hielt. Erstens, wies er darauf hin, dass die Reihenfolge der Sätze möglichst beibehalten werden sollte. Der logische Aufbau von Buch I wurde in einem Flussdiagramm abgebildet, um die Gesamtstruktur überschaubar darzustellen. Die Höllenszene im Prolog spielte also auf das zukünftige Chaos an, falls die englischen Schulen mehrere Geometrie-Lehrbücher verwenden

---

[182]In seinem Kommentar zum Parallelenpostulat behandelt Heath eine Parallelentheorie, die sich auf die Richtungen von Geraden bezieht. Hierzu schrieb er: "The fallacy of this theory has nowhere more completely been exposed than by C.L. Dodgson" [Heath 1908, I:194].

würden, in denen verschiedenen Reihenfolgen erschienen. Zweitens, sollten Konstruktionsaufgaben und Lehrsätze nicht voneinander getrennt werden, wie dies in einigen modernen Lehrbücher getan wurde. Drittens, soll beachtet werden, ob die Definitionen und Grundbegriffe für Geraden und Winkeln sauber formuliert worden sind. Viertens, sollen neue Ersatzvorschläge für das Parallelenaxiom gründlich geprüft werden. Euklid redet hier von seinem Axiom 12, d.h. seine *Elemente* sind nach dem Vorbild von Simsons Euklid zu verstehen.[183] Euklids Geist fügt sodann eine Reihe äquivalenter Formulierungen des Axioms an, die von anderen Autoren vorgeschlagen wurden. Er beweist einen Teil der vorgestellten Sätze, die restlichen Beweise befinden sich in einem Anhang.

Die vier angesprochenen Punkte werden dann von Euklid näher erläutert. Er meint, dass zwischen Konstruktionsaufgaben und Lehrsätzen nicht allzu scharf getrennt werden müsse. Als Beispiel nennt er Satz I.46, ein Quadrat über einer vorgegebenen Strecke zu errichten. Euklid behandelt dieses Thema an dieser Stelle, weil für den Beweis von I.47, d.h. dem Satz von Pythagoras, die drei Quadrate über den Seiten eines rechtwinkligen Dreiecks erst konstruiert werden müssen. Euklids Geist meint aber, er hätte die Aufgabe I. 46 auch als Lehrsatz formulieren können. Minos fragt, wieso? Euklid antwortet: Weil die Konstruktion beweist, dass die Figur eines Quadrats tatsächlich existiert [Dodgson 1879/1885, 19].[184]

Bald bewegt sich Euklid in tieferes Fahrwasser, als Dodgson ihm frei reden lässt. Man gewinnt dabei einen Eindruck von der britischen Liebesaffäre mit der griechischen Mathematik und spürt, was J.E. Littlewood mit seiner Bemerkung vermutlich meinte, dass die Werke der Griechen den Eindruck erwecken, als ob sie von Fellows eines anderen Colleges geschrieben worden wären. Denn Dodgsons Euklid geht weit über die Inhalte der *Elemente* hinaus und erklärt Minos, wie die ganze Parallelentheorie nicht unbedingt von seinem fünften Postulat (also Axiom 12), sondern auch von vier anderen Axiomen aus entwickelt

---

[183]Die moderne Aufteilung in fünf Postulate, wobei das Parallelpostulat als letztes vorkommt, wurde in der griechisch-lateinische Ausgabe von J.L. Heiberg eingeführt, welcher Heath für seine Übersetzung [Heath 1908] zugrunde lag. In Deutschland verfolgte man die Tradition, die auf die *editio princeps* von Simon Grynaeus zurückgeht, die 1533 in Basel veröffentlicht wurde [De Risi 2016]. Deswegen wird in der deutschen Literatur Postulat 5 als Axiom 11 aufgeführt; das tun z.B. C.F. Gauß und Kurd Laßwitz in [Laßwitz 1883, 142].

[184]Hier bekannte sich also Dodgson zu einem Standpunkt, den H.G. Zeuthen kurze Zeit später vertrat, siehe [Zeuthen 1896]. Für eine philosophische Analyse, die diese Argumentation zurückweist, siehe [Lachterman 1989].

werden könne. Er gibt zudem 18 andere Sätze an, von denen er behauptet, die Gültigkeit jedes einzelnen würde dafür ausreichen, um die 17 anderen abzuleiten. Die Beweise hierzu wollte er nur in einem Anhang führen, den er als Lesestoff für Minos zur Verfügung stellt.

Der Hauptpunkt für Dodgsons Euklid bleibt aber, zu entscheiden, welches Axiom für ein Lehrbuch am geeignetsten sei. Dies ist vornehmlich eine praktische Frage, die mit der Ausführung von Konstruktionen mit Zirkel und Lineal zu tun hat. Minos brachte später den Vorwurf zur Diskussion, dass die Verwendung eines kollabierenden Zirkels zu umständlich sei, eine Kritik, welche nur in Bezug auf die Sätze I.1-2 relevant ist. Dort wird gleich zu Anfang bewiesen, worauf Dodgsons Euklid verweist, dass man ohne Bedenken für alle weiteren Konstruktionen einen gewöhnlichen Zirkel verwenden darf. Euklids Geist macht aber insbesondere auf Vorzüge seiner Behandlung der Parallelentheorie aufmerksam. Dabei muss zunächst darauf hingewiesen werden, dass alle Konstruktionsaufgaben in Euklids *Elementen* grundsätzlich in einem endlichen Gebiet der Ebene stattfinden. Dies gilt auch für parallele gerade Linien (Def. I.23), solche, die sich bei beliebiger Verlängerung nicht schneiden. Eine gerade Linie ist also nicht eine ins Unendliche ausgedehnte Kurve, sondern immer begrenzt.

Dodgson hebt hervor, wie Euklids konsequenter Standpunkt durch vermeintlich einfachere Formulierungen des Parallelenpostulats geschwächt wird. Im neunzehnten Jahrhundert gewann das sogenannte Playfair-Axiom breite Anerkennung. Heute wird es meist so formuliert: Gegeben seien eine Gerade ℓ und ein Punkt P, der nicht auf ℓ liegt. Dann gibt es eine und nur eine Gerade ℓ' durch P, die zugleich parallel zu ℓ ist. Hier stellt man sich diese Geraden zumindest implizit als unendlich ausgedehnt vor. Das Parallelenpostulat Euklids erscheint im Vergleich hierzu ziemlich umständlich formuliert zu sein. Es besagt,

> dass, wenn eine gerade Linie ℓ beim Schnitt mit zwei geraden Linien ℓ_1, ℓ_2 bewirke, dass auf derselben Seite von ℓ entstehende Innenwinkel zusammen kleiner als zwei Rechte werden, dann werden ℓ_1, ℓ_2 bei beliebiger Verlängerung sich treffen und zwar auf der Seite, auf der die Innenwinkel zusammen kleiner als zwei Rechte sind.

Viele Mathematiker haben geglaubt, dass diese Aussage einen Lehrsatz beinhalte, ohne dass sie einen anscheinend einfacheren Ersatz für diese finden konnten. Wenn wir bei dieser Formulierung bleiben, merkt man sofort, dass sie mit den ersten beiden Postulate Euklids sehr gut zusammenpasst. Man muss sich nur daran gewöhnen, dass nach Euklid Geraden eigentlich Strecken sind. Dann dürfen wir fordern,

> 1) dass von jedem Punkt nach jedem Punkt eine Gerade gezogen werden kann; und
> 2) dass eine begrenzte gerade Linie beliebig verlängert werden kann.

Anders als im Axiom Playfairs formuliert Euklid eine Bedingung dafür, dass zwei ggf. verlängerte Geraden sich schneiden und auf welcher Seite dies geschieht. Dodgsons Euklid fordert von allen in Betracht zu ziehenden Konkurrenten, dass sie gleichfalls angeben können, wann und wie zwei (im Endlichen liegenden) Geraden sich schneiden. Warum er diese berechtigte Forderung stellt, versteht man sofort, wenn man seinen Beweis für die fundamentale Konstruktionsaufgabe I.44 liest (die parabolische Flächenanlegung für ein gegebenes Dreieck). Dort muss er ein erweitertes Parallelogramm konstruieren, dessen Konstruktion die Bestimmung eines Eckpunktes erforderlich macht. Die Existenz dieses Punktes leitet Euklid als Schnittpunkt aufgrund des Parallelenpostulats ab.

Aus der Sicht der Mathematikgeschichte ist es interessant zu sehen, wie Dodgson zu seinen Urteilen über die dreizehn anderen Werke erreicht. Man hätte vielleicht erwartet, dass jedes davon unter scharfer Kritik gleich verworfen worden würde. Stattdessen findet man aber eine sehr differenzierte Abwägung dieser Bücher, darunter auch Legendres *Éléments de Géométrie*, das einzige in einer Fremdsprache geschriebenes Werk, das von Dodgson behandelt wird. Dessen Text unterscheidet sich stark von Euklids Vorgehensweise und ist i.Ü. vorzüglich geschrieben. Dennoch meint Minos, dass es für Anfänger einfach viel zu schwierig sei. Mit Francis Cuthbertsons *Euclidian Geometry* zeigt sich Minos auch nicht unzufrieden, zumal dieser Autor die Reihenfolge der Sätze in Euklids *Elementen* beibehalten hat. Dennoch findet er Cuthbertsons Lehrbuch in einer wesentlichen Hinsicht nicht empfehlenswert, und zwar wegen des Versuches, die Parallelentheorie auf den Begriff von Geraden, die gleichen Abstand voneinander haben, zu begründen. Diesen Zugang findet Minos viel schwieriger als den Weg Euklids.

Zwei Lehrbücher amerikanischer Autoren, nämlich von William Chauvenet und Elias Loomis, werden von Minos auch positiv beurteilt. Beide findet er klar geschrieben, aber dennoch keineswegs besser als die *Elemente* Euklids. Mit anderen Autoren ging Dodgson jedoch hart ins Gericht, wie z.B. mit Olaus Henrici, dessen *Elementary Geometry: Congruent*

Figures gerade erschien war und deswegen nur in der zweiten Auflage von Dodgsons Buch als Rivale besprochen werden konnte. Eigentlich schreibt Dodgson nur einen Verriss, weil er Henricis anschaulichen Stil indiskutabel findet. Zudem betrachtet er Henricis Versuch, das Axiom Playfairs zu beweisen, als völlig misslungen.

Henrici war ein gebürtiger Deutsche, der in Karlsruhe bei Alfred Clebsch und in Heidelberg bei Ludwig Otto Hesse studiert hatte [Barrow-Green 2021]. Er wurde dort promoviert, später habilitierte er sich in Kiel. 1869 ging er nach London, da er nur wenig Aussichten auf eine Professur in Deutschland hatte. Schon ein Jahr später wurde er Nachfolger von Thomas Hirst als Professor an University College London ernannt. Henrici war ein führender Vertreter eines empirisch orientierten Geometrieunterrichts, was damals in England ein Novum war. Seine Beziehungen zu führenden Geometern in Deutschland haben seinem Ruf sicherlich nicht geschadet; er wurde 1874 zum Fellow der Royal Society gewählt. Zwischen 1882 und 1884, also kurz bevor Dodgson die zweite Auflage seiner Verteidigungsschrift herausbrachte, war Olaus Henrici Präsident der London Mathematical Society.

In seinem Vorwort schrieb Dodgson "if it should appear to him [Henrici] that I have at all exceeded the limits of fair criticism, I beg to tender my sincerest apologies" [Dodgson 1879/1885, ix]. Das Problem war, dass Dodgson als Logiker mit beinahe Null Interesse für geometrische Mechanik Henrici's Buch einfach hasste. Minos führt mehrere Stellen an, wo Henrici Sachverhalte unklar formuliert und fasst am Ende seine vernichtende Kritik mit diesen Worten zusammen:

> Dip into the book anywhere, and you find yourself in the midst of some discursive talk, which perhaps culminates in an Axiom. Then perhaps comes a Definition. Then comes a little more talk, which, after appealing to sentiment, or probability, or some other motive degrading to Pure Mathematics, gradually becomes more and more logical, and at last warms into a regular proof – but of what? The reader has no warning as to what is to be proved. Unsuspectingly he glides on with the stream, till with a crash he lands on an enunciation, and finds himself committed to an entire Theorem. This singular writer always reserves the enunciation for the end of the Proposition. It may be prejudice, but I cannot help thinking that Euclid's plan – of first clearly stating what he is going to prove and then proving it – is to be preferred to this conjurer's trick of "forcing a card". [Dodgson 1879/1885, 92–93]

Als Fazit lehnt Minos alle Rivalen Euklids ab; entweder waren sie seiner Ansicht nach ungeeignet als Lehrbücher oder sie konnten keine nennenswerten Vorteile gegenüber Euklid vorweisen. Trotz seiner Verehrung für Euklid verstand sich Dodgson aber keineswegs als hartnäckiger Kämpfer für einen fest vorgegebenen Text der *Elemente*. Er veröffentlichte selbst eine Reihe von Büchern, u.a. *A Syllabus of Plane Algebraical Geometry* (1860), *The Formulae of Plane Trigonometry* (1861), *Condensation of Determinants* (1866), *Elementary Treatise on Determinants* (1867), *Examples in Arithmetic* (1874), *Curiosa Mathematica, Part I: A New Theory of Parallels* (1888), and *Curiosa Mathematica, Part II: Pillow Problems thought out during Sleepless Nights* (1893). In Part I stellte er einen neuen Ansatz vor, um eine Parallelentheorie zu entwickeln, die sich von der Theorie Euklids stark unterscheidet [Dodgson 1890]. Statt des üblichen Parallelenpostulats führt Dodgson ein Axiom ein, wonach die Fläche eines einem Kreis einbeschriebenen gleichseitigen Sechsecks größer als die Fläche jedes der Kreissegmente ist.

Ob Dodgson von Geometrien wusste, in welchen das Parallelenpostulat gar nicht gültig ist? Wohl möglich, aber Tatsache bleibt, dass er sich anscheinend niemals mit nichteuklidischen Geometrien beschäftigt hat. Wer *Euclid and His Modern Rivals* liest, wird sofort merken, dass Dodgson an keiner Stelle die Existenz derartiger Geometrien erwähnt. Dodgsons Buch gehört eigentlich zur Geschichte der Mathematikdidaktik, denn es ging für ihn einzig und allein darum, welches Lehrbuch für den Geometrieunterricht am geeignetsten sei. Dabei legte er besonders viel Wert auf den logischen Aufbau der Sätze und der damit verbundenen Konstruktionsaufgaben. Dodgsons sonstige mathematischen Interessen galten der Logik in der Tradition von George Boole [Dodgson 1977]. Unter den Briten gab es seinerzeit mehrere wichtige Vertreter der formalen Logik, u.a. Stanley Jevons, der vor allem als Ökonom bekannt war.

Jevons wollte die Boolesche Logik vereinfachen und gleichzeitig nützlich machen. Dazu konzipierte er ein mechanisches Gerät, sein logisches Klavier, das er 1870 der Royal Society vorstellte. Über die Tastatur gab man gewisse logische Sätze ein, die als Prämissen zu gelten hatten. Das Klavier produzierte dann Aussagen, die mit diesen Prämissen vereinbar waren. Ein Jahr später veröffentlichte Jevons einen kurzen Aufsatz in *Nature*, in dem er die Argumente des berühmten Physiologen Hermann von Helmholtz bezüglich der Möglichkeit, andere Geometrien als die euklidische wahrnehmen zu können, zurückwies. Jevons stellte sich auf den Standpunkt, dass selbst die Bewohner einer nichteuklidischen Welt, die sich lang genug mit geometrischen Sachverhalten beschäftigt hätten, nach einer gewissen Zeit schließen müssten, dass allein die euklidische Geometrie die wahre sei. Spekulationen über die Existenz einer empirisch nicht feststellbaren vierten Dimension spielten auch eine wichtige Rolle in diesem Diskurs. Letztlich hinterließ die ganze Diskussion aber keine tiefen Spuren in der Orientierung britischer Mathematiker, die bis etwa 1900 der etablierten euklidischen Tradition treu geblieben sind.

Jevons selbst war kein führender Mathematiker. Dennoch vertrat er ohne Zweifel Ansichten, die mit denen der überwiegenden Mehrheit britischer Mathematiker übereinstimmten. Er betrachtete diese Debatte als eine Fortsetzung des philosophischen Streits zwischen Idealisten einerseits und Empiristen andererseits, welcher schon lange in Deutschland hin und her lief. Was Geometrie betrifft, vertraten die Vertreter der ersten Gruppe der Raumlehre Immanuel Kants, wonach die Grundgesetze der euklidischen Geometrie als endgültige Wahrheiten zu verstehen seien. Dieser Ansicht zufolge stellte Kant in seiner *Kritik der reinen Vernunft* den Raum als eine notwendige Vorstellung a priori hin, die allen äußeren Anschauungen zum Grunde liegt. Dagegen ging Helmholtz von der Grundauffassung aus, dass unsere räumlichen Vorstellungen auf Erfahrungen beruhen, insbesondere auf der Möglichkeit, dass sich starre Körper von einem Ort zu einem anderen ohne Verzehrung bewegen können. In den 1870er Jahren nahmen einige Engländer diese Debatte über die Geometrie des Raumes innerhalb des deutschen Kulturkreises zur Kenntnis, aber nur wenige beteiligten sich direkt daran. Den meisten britischen Mathematikern, wie auch für Stanley Jevons, schienen die Ideen von Riemann und Helmholtz Hirngespinste zu sein, die eher zu Fantasieromanen als zur Philosophie gehörten.

Um die parallel dazu laufenden Diskussionen in Deutschland zu verfolgen, wollen wir nicht direkt auf die Debatten zwischen Kritikern und Anhängern der Kantischen Philosophie, sondern eher auf die breitere Rezeption der nichteuklidischen Geometrie, eingehen. Dafür lohnt es sich, auch andere Literaturgattungen in unseren Betrachtungen miteinzuziehen. Die Themen Raum, Zeit und Naturgesetz tauchen z.B. sehr oft in der Dichtkunst des Kurd Laßwitz auf. Auch seine starke Zuneigung zur Erkenntnistheorie Immanuel Kants tritt keineswegs zurück, wie in seinem lustigen Gedicht „Unser guter Raum" sehr deutlich wird (siehe unten).

2.　Kurd Laßwitz als Dichter

Laßwitz kam am 20. April 1848 in Breslau als der älteste Sohn des Kaufmanns Karl Laßwitz und seine Frau Emma Laßwitz, geborene Brier, zur Welt. Sein Vater vertrat seinem Wahlbezirk als demokratischer Abgeordnete im Preußischen Landtag. Seine Mutter entstammte einer humanistisch gebildeten Familie und unter ihrer Leitung genoss Kurd eine fortschrittliche Erziehung und die Förderung seiner Begabungen. Eine ausgeprägte Zuneigung zur Naturforschung bildete einen großen Teil davon, zumal er schon als Kind die Möglichkeit hatte, in einer privaten Sternwarte Himmelsbeobachtungen zu machen. Kurd Laßwitz besuchte ab 1856 das traditionsreiche Gymnasium zu St. Elisabet in Breslau, wovon er 1866 mit dem Zeugnis der Reife entlassen wurde. Während der acht Jahre, die er an dieser Schule verbrachte, genoss er den Unterricht des Gymnasialprofessors Ludwig Kambly. Dieser war Verfasser eines weitverbreiteten Lehrbuchs, das besonders in den Schulen Preußens als „Kamblys Elementar-Mathematik" bekannt war. Florian Cajori erwähnt, dass dieses Kompendium kurz vor 1910 über 100 Auflagen erlebt hat. In einer 1880 durchgeführten Studie der Lehranstalten Preußens stellte es sich heraus, dass Kamblys Buch in 217 Institutionen verwendet wurde, viermal so oft wie das zweitplazierte Buch [Cajori 1910, 189–190]. Es bestand eigentlich aus vier Bänden: 1. Arithmetic und Algebra; 2. Planimetrie; 3. Ebene- und sphärische Trigonometrie; 4. Stereometrie. Cajori weißt darauf hin, dass Kambly nur so viel Stoff behandelte, wie ein Lehrer in einem Jahr unterrichten konnte, da der Verfasser meinte, es wäre für Schüler und ihre Eltern ärgerlich, wenn aus Zeitmangel Themen übersprungen werden müssten.

Vom Wintersemester 1866 bis Ostern 1868 studierte Laßwitz in Breslau, wo er die Vorlesungen von Oskar Emil Meyer, der seit 1866 in Breslau wirkte, besuchte. Meyer war Direktor des dortigen Physikalischen Instituts und wollte die Breslauer Experimentalphysik aufbauen. Außer seinen Lehrveranstaltungen besuchte Laßwitz die mathematischen Vorlesungen von Paul Bachmann, Jacob Rosanes und Heinrich Schröter. Er nahm auch durch mehrere Semester am dortigen mathematisch-physikalischen Seminar teil. Nach dieser Zeit verbrachte er ein Jahr an der Universität Berlin, bevor er sein Studium in seiner Heimatstadt fortsetzte. In Berlin besuchte er Lehrveranstaltungen bei den Astronomen Arthur von Auwers und Friedrich Förster, wie auch die mathematischen Vorlesungen von Ernst Eduard Kummer, Leopold Kronecker und Karl Weierstraß. Außerdem hörte er bei den Philosophen Wilhelm Dilthey und Eugen

Dühring. Als der Deutsch-Französische Krieg im Juli 1870 ausbrach, musste Laßwitz sein Studium unterbrechen und im folgenden Januar wurde er nach Frankreich geschickt.

Im Jahre 1873 reichte er seine Dissertation zum Thema „über Tropfen, welche an festen Körpern hängen und der Schwerkraft unterworfen sind" ein. Diese Arbeit schrieb er unter dem Physiker Meyer. Bei Gelegenheit seiner Promotion stellte er vier Thesen auf, die für seine zukünftige wissenschaftliche und dichterische Tätigkeit besonders bezeichnend sind. Die ersten beiden betrafen die Grundlagen der Physik und lauteten:

> I. Die Lösung von Aufgaben der mathematischen Physik kann eine befriedigende sein, auch ohne dass auf die wahren Bewegungen der kleinsten Teilchen der Körper zurückgegangen wird.
> II. Die Annahme von Zentralkräften, welche in den Atomen ihren Sitz haben und durch den leeren Raum hindurch wirken, ist zur Erklärung der Naturerscheinungen nicht notwendig.

Der junge Naturwissenschaftler ließ jedoch in seinen letzten zwei Thesen erkennen, dass er sich in Zukunft gerne als Schriftsteller betätigen wollte:

> III. Die durch die Naturwissenschaft gegebene Weltanschauung enthält in reichem Masse poetische Elemente.
> IV. Die Naturwissenschaft kann und soll popularisiert werden.

Im Folgejahr legte Laßwitz das Staatsexamen für den höheren Schuldienst in den Fächern Mathematik, Physik, Philosophie und Geographie ab. Er ging dann 1875 nach Gotha, wo er bis zu seinem Tod im Jahre 1910 lebte. Dort unterrichtete er bis 1907 hauptsächlich Mathematik am Gymnasium Ernestinum. In Gotha schloss er die Ehe mit Jenny Landsberg, die aus einer Breslauer jüdischen Familie kam. Sie berichtete nach dem Tod, dass ihr Mann am Ende seiner Laufbahn seinen Beruf trotz früherer Erfolge nicht mehr genießen konnte; er wurde 1884 zum Gymnasialprofessor und 1909 zum Hofrat ernannt. Letzteres verdankte er u.a. seinen Verdienste als Mitbegründer der „Mittwochsgesellschaft zu Gotha", in der er sehr oft populäre Vorträge über Themen aus Naturwissenschaft, Literatur und Philosophie hielt.

Wie Charles Dodgson war Kurd Laßwitz zu seiner Zeit als Schriftsteller ziemlich bekannt. Abgesehen davon ist es jedoch kaum möglich, zwei Mathematiker zu benennen, die als Persönlichkeiten so grundverschieden waren wie Dodgson und Laßwitz. Dodgson war menschenscheu, zurückhaltend und melancholisch, während Laßwitz aufgeschlossen, extrovertiert und manchmal scharfzüngig wirkte. Er liebte es, ein geselliges Leben zu führen, vor allem abends mit gleichgesinnten Männern in einer Kneipe. Das lässt sich ohne Zweifel auf seine Studentenzeit in Breslau und Berlin zurückführen, aber anscheinend begleitete ihn diese Art von Kameradschaft bis zum Lebensende. Andererseits drückte er gern seine wissenschaftlichen Kenntnisse und Überzeugungen in literarischer Form aus, oft eher in einem heiteren Stil. Kants berühmte Raumlehre war damals in Kreisen des Bildungsbürgertums überall bekannt, weswegen Laßwitz in seinem lustigen Gedicht „Unser guter Raum" diese Bekanntschaft voraussetzen durfte. Die folgende Fassung wurde 1886 geschrieben, also bald nach der zweiten Auflage von Dodgsons *Euclid and his Modern Rivals*. Obwohl beide Werke sich mit Grundlagen der Geometrie befassen, liegen sie inhaltlich meilenweit voneinander entfernt.

Um die volle Wirkung des Gedichts erleben zu können, geht man am besten mit einer kleinen Gruppe Liedersänger in eine Kneipe. Dort, wohl ausgerüstet mit einem großen Bierkrug, sollten Sie die folgenden Strophen zur Melodie von „Die Hussiten zogen vor Naumburg" singen [Laßwitz 1924, 71]:

Unser guter Raum

Als der Adam war geschaffen,
Sah ihn Gott die Welt angaffen
Adam starrt' nach rechts, nach links,
fand sich gar nicht in das Dings
Und fing an zu schimpfen.

Da nahm sich Gott einen Hammer,
Schlich damit ins Adams Kammer,
Schlug ihn dreimal auf die Stirn,
Präparierend sein Gehirn
Für die Raum-Anschauung.

Innen fing es bei dem Hämmern
Ganz allmählich an zu dämmern,
Dass der Raum unendlich weit,
Und dass alles lang, hoch, breit
Dreidimensional ist.

Das erkannten nun nicht minder
Adams Kind' und Kindeskinder,

Sassen, maßen, ohne Rast,
Bis sie manchen Satz erfasst
Und bewiesen hatte.

Und ein Grieche war's, Euklides,
Der schrieb's auf und unterschied es
Stützte schon vorsorglich schlau
Seinen ganzen Lehrsatz-Bau
Auf die Axiome.

So kam unser Raum zu Ehren,
Und sein Anseh'n noch zu mehren,
Achsen ihm Descartes verlieh,
Dass man die Geometrie
Auch könnt' kalkulieren.

Mehr noch hat den Raum bewundert
Unser kritisches Jahrhundert,
Wo man klar erkannt, dass kaum
Möglich sei ein bess'rer Raum,
Als der, den wir haben.

Bolyai, Lobatschefsky, Riemann,
Gauss und Helmholtz zeigten,
Wie man sich auch Räume denken könnt,
Wo kein Ding bleibt kongruent,
Wenn es fortbewegt wird.

Unser Raum erlaubt dagegen,
Dass man sich kann frei bewegen,
Jedes Bierglas hier und dort
Kann besteh'n an jedem Ort
Ohne Formverzerrung.

Darum trinkt, o Kneipgenossen,
Unverzerrt und unverdrossen
Auf den guten Raum ein Glas,
Dankbar, dass sein Wellenmaß
überall konstant bleibt.

Der Name Kant kommt in diesem Gedicht gar nicht vor, aber jeder gebildete Deutscher hätte beim Mitsingen gewusst, dass die hier gelobte menschliche Raum-Anschauung als eine Anspielung auf Kants Raumlehre gemeint war. Laßwitz bringt auch die Helmholtzsche Idee von der freien Beweglichkeit starrer Körper ins Spiel, allerdings in einer Art und Weise, die verwirrend wirkt, denn diese Eigenschaft besitzt nicht allein die euklidische Geometrie, sondern auch alle Mannigfaltigkeiten konstanter Krümmung. Das wusste natürlich der Dichter selbst, wie auch, dass sein Bierglas allein dann, wenn die Krümmung Null ist, vergrößert oder verkleinert werden kann, ohne dass dabei eine Formverzerrung stattfindet.

Die erste Fassung dieses Gedichts wurde 1877 veröffentlicht, während Laßwitz die obige etwas kürzerer Version im Jahre 1886 zum Mitsingen auf dem Stiftungsfest des Berliner Mathematiker-Vereins verfasste. Bezeichnend für diese Zeit ist ferner die Erwähnung von Carl Friedrich Gauß als Miterfinder der neuen nichteuklidischen Geometrien, obwohl er nie etwas darüber publiziert hatte. Seit Anfang der 1860er Jahren wurde durch die Veröffentlichung von Gaußens Briefwechsel mit dem Astronom Heinrich Christian Schumacher allmählich deutlich, dass Gauß sich mit den Grundsätzen der nichteuklidischen Geometrie im Sinne von János Bolyai und Nikolai Lobachevski, d.h. der sogenannten hyperbolischen Geometrie, befasst hatte.

3.   Gauß und die Kantische Raumlehre

Ende der 1790er Jahre als Student in Göttingen schloss Gauß eine enge Freundschaft mit dem ungarischen Mathematiker Farkas (deutsch: Wolfgang) Bolyai, der spätere Vater von Jánoz Bolyai. Zu dieser Zeit versuchten Gauß und Wolfgang Bolyai zu beweisen, dass das Parallelenaxiom Euklids sich aus den anderen Axiomen herleiten lässt. Das Problem konnten sie natürlich nicht lösen, aber die Beschäftigung damit brachte Gauß langsam auf die Idee, dass es eine ganz andere Theorie der Parallelen geben könnte, also eine Geometrie, in der das Parallelenpostulat Euklids nicht gilt. In den folgenden Jahrzehnten arbeitete auch Bolyai zusammen mit seinem Sohn an der Parallelentheorie weiter. Am 16. Januar 1831 schrieb er an Gauß, um ihn über sein noch nicht erschienenes Buch *Tentamen* (1832) zu informieren. In diesem Buch stellte er andere Aussagen als Ersatz für das Parallelenpostulat auf. Eine solche Aussage lautete: Durch drei nicht auf einer Geraden liegende Punkte gibt es stets einen Kreis.

Gleichzeitig machte er Gauß auf den Text seines Sohnes aufmerksam, indem er ihm eine Korrektur davon zuschickte. János Bolyai wollte unbedingt die Meinung des inzwischen sehr berühmt gewordenen Freundes seines Vaters vorab erfahren:

> Mein Sohn war nicht gegenwärtig, wie sein Werkchen gedruckt wurde: er ließ die Errata (die hinten sind) drucken; ich habe die meisten, um Dir weniger lästig zu seyn, mit Feder corrigiert – Er schreibt aus Lemberg, dass er nachdem manches vereinfacht und eleganter gemacht, und die Unmöglichkeit, a priori zu bestimmen, ob das Ax[iom] 11 wahr sey oder nicht, bewiesen habe.
> Verzeihe mir dieser Ungelegenheit wegen – mein Sohn hält mehr von Deinem Urtheile, als von ganz Europa – und harret allein darauf. Ich bitte Dich innigst, mich bald von Deinem Urtheile zu berichten, welchem gemäss ich ihm nach Lemberg schreiben soll. [Schmidt/Stäckel 1899, 107]

Als Kurd Laßwitz sein Gedicht „Unser guter Raum" schrieb, kannte er den obigen Brief wie auch die Antwort Gaußens darauf noch nicht. Denn der Briefwechsel zwischen diesen zwei Freunden wurde erst 1898 im Rahmen der Arbeiten an der Gauß-Edition gedruckt. János Bolyais Text sollte als Anhang zum *Tentamen* seines Vaters erscheinen. Im Titel kündigte er seine Leistung an: „Appendix dem absolut wahren wissenschaftlichen Raum gewidmet, unabhängig von der Wahrheit oder Falschheit des 11ten Axiom Euklids (zu dem nie a priori entschieden werden kann)".[185] Mit absoluter Geometrie meinte Bolyai solche Sätze, welche nicht vom Parallelenpostulat abhängig sind. Dass die Gültigkeit desselben niemals bewiesen werden kann, folgt daraus, dass er neben dem euklidischen Axiomsystem Σ ein zweites System S aufstellte, bei dem das Parallelenpostulat falsch ist. Trotz des auffordernden Titels wurde diese umwälzende Entdeckung erst nach 1860, dem Todesjahr von János Bolyai, allgemein anerkannt. Selbst sein Vater, der vier Jahre zuvor starb, hatte die Arbeit seines Sohnes nie verstehen können. In einem langen Brief vom März 1831 schrieb nun Gauß an Wolfgang Bolyai zurück:

> [...] Jetzt Einiges über die Arbeit Deines Sohnes. Wenn ich damit anfange „dass ich solche nicht loben darf": so wirst Du wohl einen Augenblick stutzen: aber ich kann nicht anders; sie loben hiesse mich selbst loben: denn der ganze Inhalt der

---

[185]Ursprünglich erschienen unter dem lateinischen Titel: *Appendix scientiam spatii absolute veram exhibens: a veritate aut falsitate axiomatis xi Euclidei (a priori haud unquam decidenda) independentem.*

Schrift, der Weg, den Dein Sohn eingeschlagen hat und die
Resultate zu denen er geführt ist, kommen fast durchgehend
mit meinen eigenen, zum Theile schon seit 30–35 Jahren
angestellten Meditationen überein. In der That bin ich dadurch
auf das äuserste überrascht.

[…] Mein Vorsatz war, von meiner eigenen Arbeit, von der
übrigens bis jetzt wenig zu Papier gebracht war, bei meinen
Lebzeiten gar nichts bekannt werden zu lassen. Die meisten
Menschen haben gar nicht den rechten Sinn für das, worauf es
dabei ankommt, und ich habe nur wenige Menschen gefunden,
die das, was ich ihnen mittheilte, mit besonderem Interesse
aufnahmen. Um das zu können, muss man erst recht lebendig
gefühlt haben, was eigentlich fehlt, und darüber sind die
meisten Menschen ganz unklar. Dagegen war meine Absicht,
mit der Zeit Alles so zu Papier zu bringen, dass es wenigstens
mit mir dereinst nicht unterginge. Sehr bin ich also überrascht,
dass diese Bemühung mir nun erspart werden kann und
höchst erfreulich ist es mir, dass gerade der Sohn meines
alten Freundes es ist, der mir auf eine so merkwürdige Art
zuvorgekommen ist. [Schmidt/Stäckel 1899, 109]

Gauß fand János Bolyais Bezeichnungen sehr prägnant, meinte jedoch,
dass einige der Hauptbegriffe mit bestimmten Namen eingeführt werden
sollten. Er schlug dabei vor, die Fläche F eine Parasphäre und die Kurve
L einen Parazykel zu nennen, da sie „im Grunde Kugelfläche, oder
Kreislinie von unendlichem Radius [sind]". Für die Punkte vom gleichen
Abstand zu einer geraden Linie empfahl er die Benennung Hyperzykel
sowie Hypersphäre für alle Punkte, die zu einer Ebene gleichen Abstand
haben. Besonders interessant ist die Beweisskizze, die Gauß für den
wichtigen Satz angab, wonach in einem hyperbolischen Dreieck Z mit
Winkeln A, B, C die Differenz zwischen $180°$ und dessen Winkelsumme
(also $180° - (A + B + C)$) proportional zu dessen Flächeninhalt ist.

Gaußens Beweis beruht auf einer Einbettung des Dreiecks in ein
größtmögliches Dreieck, also eines, dessen drei Winkeln sämtlich
Null Grad betragen, welches den Flächeninhalt t besitzt. Die Ebene
zerlegte er nun in vier Dreiecke und zwar in das nämliche Dreieck
Z und in drei weitere mit jeweils zwei Winkeln von Null Grad.
Es ergibt sich leicht, dass die Flächeninhalte dieser letzten drei
Dreiecken jeweils $At/180°, Bt/180°, Ct/180°$ betragen, woraus folgt,
dass $Z = [180° - (A + B + C)]t/180°$ ist. Dieser Beweisgang ähnelt

einem Argument Eulers, der 1781 die analoge Formel für ein sphärisches Dreieck S herleitete, nämlich $S = r^2[(A + B + C) - 180°]$, wo r der Radius der Sphäre ist. Ein Jahr nach Gaußens Tod berichtete dessen Freund und Kollege Sartorius von Waltershausen, Gauß habe bei der hannoveranischen Landesvermessung die Raumkrümmung untersucht, indem er die Winkelsumme in einem großen geodätischen Dreieck vermaß, das vom Brocken im Harz, dem Inselsberg im Thüringer Wald und dem Hohen Hagen bei Göttingen gebildet wird. Dabei verwandte er seinen gerade erst erfundenen Heliotropen, mittels denen er diese Winkel sehr exakt vermessen konnte. Das Ergebnis zeigte innerhalb der schmalen Fehlergrenze keine feststellbare Abweichung von 180°.[186] Seit den 1970er Jahren diskutieren Wissenschaftshistoriker, ob die von Sartorius erzählten Geschichte vielleicht nur eine Legende sei. Zu diesen Auseinandersetzungen siehe das interessante Essay [Scholz 2004].

Gauß schrieb nun weiter an Wolfgang Bolyai:

> Ich habe hier bloss die Grundzüge des Beweises angeben wollen, ohne alle Feile oder Politur, die ich ihm zu geben, jetzt keine Zeit habe. Es steht Dir frei, es Deinem Sohne mitzutheilen: jedenfalls bitte ich Dich, ihm herzlich von mir zu grüssen und ihm meine besondere Hochachtung zu versichern; fordere ihn aber doch zugleich auf sich mit der Aufgabe zu beschäftigen:
>
> „Den Kubikinhalt des Tetraeders (von vier Ebenen begrenzten Raumes) zu berechnen".
>
> Da der Flächeninhalt eines Dreiecks sich so einfach angeben lässt: so hätte man erwarten sollen, dass es auch für diesen Kubikinhalt einen ebenso einfachen Ausdruck geben werde: aber diese Erwartung wird, wie es scheint, getäuscht.[187] Um die Geometrie vom Anfange an ordentlich zu behandeln, ist es unerlässlich, die Möglichkeit eines Planums zu beweisen; die gewöhnliche Definition enthält zu viel, und implicirt eigentlich

---

[186]Sartorius wusste nur wenig über Gaußens Beschäftigungen mit der nichteuklidischen Geometrie – außer der Tatsache, dass Gauß das Parallelenpostulat für unbeweisbar hielt. Er gab aber an, dass Gauß im großen Dreieck eine Abweichung von etwa nur $0,2$ Sekunden festgestellt habe [Sartorius 1856/2012, 53].

[187]Gauß wies auf diese Aufgabe in Briefen an Gerling hin, wie von Hilbert hervorgehoben, als er 1900 sein drittes Pariser Problem formulierte. Bald danach zeigte Max Dehn, dass man die Bestimmung der Volumina von Polyedern tatsächlich im Rahmen der elementaren Geometrie nicht bewältigen kann.

subreptive schon ein Theorem.[188] Man muss sich wundern,
dass alle Schriftsteller von Euklid bis auf die neuesten Zeiten
so nachlässig dabei zu Werk gegangen sind: allein diese
Schwierigkeit ist von durchaus verschiedener [Natur] mit der
Schwierigkeit zwischen Σ und S zu entscheiden und jene ist
nicht gar schwer zu heben. Wahrscheinlich finde ich mich auch
schon durch Dein Buch hierüber befriedigt.

Nach Sartorius betrachtete Gauß die Fundamente der Mathematik als
von der Metaphysik scharf abgegrenzt. Er sei i.Ü. der Meinung, dass die
Geometrie „nur als ein konsequentes Lehrgebäude [zu entwickeln sei,]
nachdem die Parallelentheorie als Axiom an der Spitze [stehe]", wobei
das Parallelenpostulat selbst niemals beweisbar wäre. Was die Raumlehre
betraf, hielt Gauß

> ...die drei Dimensionen des Raumes als eine spezifische
> Eigentümlichkeit der menschlichen Seele; Leute welche
> dieses nicht einsehen könnten bezeichnete er . . . mit den
> Namen Böotier. Wir können uns, sagte er, etwa in Wesen
> hineindenken, die sich nur zweier Dimensionen bewusst
> sind; höher über uns stehende würden vielleicht in ähnlicher
> Weise auf uns herabblicken, und er habe, fuhr er scherzend
> fort, gewisse Probleme hier zur Seite gelegt, die er in einem
> höheren Zustande später geometrisch zu behandeln gedächte.
> [Sartorius 1856/2012, 81]

Gauß war alles andere als ein humorvoller Mensch, aber er fand
offensichtlich alle Vorstellungen von einer physikalisch existierenden
vierdimensionalen Welt nur scherzhaft. Seine Meinung hierzu wurde
jedoch zur Zeit der Zöllner-Affäre (siehe das Essay von K. Volkert oben)
selten, wenn überhaupt zitiert. Andererseits machte er in seinem Brief an
Wolfgang Bolyai deutlich, dass er die Auffassung dessen Sohnes bezüglich
der geometrischen Struktur des Raumes durchaus teilte:

> Gerade in der Unmöglichkeit, zwischen S und Σ a priori zu
> entscheiden liegt der klarste Beweise, dass Kant Unrecht hatte
> zu behaupten, der Raum sei nur Form unserer Anschauung.
> Einen anderen ebenso starken Grund habe ich in einem kleinen

---

[188]Eine überraschende Antwort gab Hilbert hierzu in seinen *Grundlagen der Geometrie*
(1899), als er nachweisen konnte, dass eine Ebene im Raum einbettbar ist, wenn in ihr
der Satz von Desargues gültig ist.

Aufsatze angedeutet, der in den Göttingischen Gelehrten
Anzeigen 1831 steht …. [Schmidt/Stäckel 1899, 111]

Gauß hatte eben dort explizit Stellung gegen diesen Grundsatz der
Philosophie Kants bezogen. Letzterer hatte in mehreren Werken auf die
Problematik symmetrischer Polyeder hingewiesen, d.h. Figuren die bis auf
ihrer Orientierung völlig identisch sind (siehe hierzu [Volkert 2018, 5–15]).
Es ist also unklar, welche von diesen Texten Gauß gelesen hat. Kant äußerte
sich jedoch in dem Aufsatz [Kant 1768] hierzu sehr ausführlich und auch
mit einer klaren Zielsetzung: Er wollte ähnlich wie Newton vorher ein
Argument für die Notwendigkeit eines absoluten Raumes vorbringen.
Während Newton aber dies in Bezug auf induzierte Trägheitskräfte
(also sein Gedankenexperiment mit einem drehenden Wassereimer) tat,
versuchte Kant sein Verständnis vom absoluten Raum über die Existenz
von gespiegelten geometrischen Körpern zu rechtfertigen.[189] Genauer
genommen versucht Kant über das Phänomen der Händigkeit den
Standpunkt von Leibniz und dessen Anhängern zu widerlegen, indem
er argumentiert, dass der Unterschied zwischen einer rechten und einer
linken Hand nichts mit Beziehungen zu anderen Körpern oder mit inneren
Eigenschaften der Hand zu tun habe:[190]

Nimmt man nun den Begriff vieler neueren Philosophen,
vornehmlich der deutschen an, daß der Raum nur in den
äußeren Verhältnisse der neben einander befindlichen Theile
der Materie besteht, so würde aller wirklicher Raum in
dem angeführten Falle nur derjenige sein, den diese Hand
einnimmt. Weil aber gar kein Unterschied in dem Verhältnisse
der Theile derselben unter sich stattfindet, sie mag eine Rechte
oder Linke sein, so würde diese Hand in Ansehung einer
solchen Eigenschaft gänzlich unbestimmt sein, d.i. sie würde

---

[189] Zu Kants wechselnden Auffassungen zum Raumbegriff schrieb Holger Lyre: „Kant
lehnt nun aber die Konzeption des absoluten Raumes ganz ausdrücklich ab, denn
er war nach seinen Problemen mit der Raumauffassung und dem Argument der
inkongruenten Gegenstücke 1768 in seiner *Dissertatio* 1770 zu einer relationalen – und
dann zudem transzendentalen – Raumauffassung zurückgekehrt. In den *Metaphysischen
Anfangsgründen* weist er der absoluten Raumauffassung den Status einer spekulativen
Vernunftidee zu, …“ [Lyre 2006, 9].

[190] Für eine eingehende Analyse des Arguments in [Kant 1768] siehe [van Cleve 1987].
Das Thema gewann ab den 1960er Jahren an Brisanz nach der Entdeckung
der Paritätsverletzung in der Teilchenphysik. Martin Gardners populäres Buch
[Gardner 1969] knüpfte an die ältere Literatur über die vierte Dimension insbesondere
Abbotts *Flatland* an. Über den Stand der Diskussionen circa 2005 bzgl. der Relevanz bzw.
der Gültigkeit des Kantischen Arguments siehe [Lyre 2005].

auf jede Seite des menschlichen Körpers passen, welches
unmöglich ist. [Kant 1768]

Es handelt sich also nach Kant um einen Unterschied in der Beschaffenheit
der Körper, welcher allein durch eine Beziehung zum absoluten und
ursprünglichen Raum zu verstehen sei, „weil nur durch ihn das Verhältniß
körperlicher Dinge möglich ist". Die Händigkeit, die wir überall in der
Natur finden, lässt sich nicht mittels relationaler Veränderungen wie
Drehungen oder Verschiebungen verändern. Kant sieht also den Raum
selbst als die Ursache dafür und noch mehr: „der absolute Raum ist kein
Gegenstand einer äußeren Empfindung, sondern ein Grundbegriff, der
alle dieselbe erst möglich macht". Er gibt aber gleich zu, dass dieser Begriff
keineswegs leicht fassbar sei:

> Ein nachsinnender Leser wird daher den Begriff des Raumes,
> so wie ihn der Meßkünstler denkt und auch scharfsinnige
> Philosophen ihn in den Lehrbegriff der Naturwissenschaft
> aufgenommen haben, nicht für ein bloßes Gedankending
> ansehen, obgleich es nicht an Schwierigkeiten fehlt, die diesen
> Begriff umgeben, wenn man seine Realität, welche dem
> inneren Sinne anschauend genug ist, durch Vernunftideen
> fassen will.[191]

Für Gauß aber war Kants Argument gar nicht schlüssig:

> Dieser Unterschied zwischen rechts und links ist, sobald man
> vorwärts und rückwärts in der Ebene, und oben und unten
> in Beziehung auf die beiden Seiten der Ebene einmal (nach
> Gefallen) festgesetzt hat, in sich völlig bestimmt, wenn wir
> gleich unsere Anschauung dieses Unterschiedes andern nur
> durch Nachweisen an *wirklich vorhandenen materiellen Dingen*
> [Hervorhebung DR] mitteilen können* [In der Fußnote hierzu
> schreibt er:]
> *Beide Bemerkungen hat schon Kant gemacht, aber man
> begreift nicht, wie dieser scharfsinnige Philosoph in der
> ersteren einen Beweis für seine Meinung, daß der Raum nur
> Form unserer äußeren Anschauung sei, zu finden glauben
> konnte, da die zweite so klar das Gegenteil, und daß der

---

[191]Diese Passage scheint zu zeigen, dass Kant schon auf den Weg zu seiner reiferen
Auffassung in der *KdV* war. Man denke auch an dem Motto zu Hilberts *Grundlagen der
Geometrie*: „So fängt denn alle menschliche Erkenntnis mit Anschauungen an, geht von
da zu Begriffen und endigt mit Ideen. Kant *KdV, Elementarlehre*, T.2, Abt. 2 ".

Raum unabhängig von unserer Anschauungsart eine reelle Bedeutung haben muß, beweiset. [Gauß 1831, 177]

Man liest oft, dass Gauß sich gescheut habe, seine Auffassungen bzw. Ergebnisse bzgl. der nichteuklidischen Geometrie öffentlich zu äußern, da er das Geschrei der Philosophen meiden wollte. Es ist dann naheliegend an Kant zu denken, da er dem Raumbegriff einen zentralen Platz in seiner Epistemologie zuwies, einen Raum, dessen Geometrie natürlich euklidisch sein musste. Wenn wir aber diese von Gauß zwar knapp aber sehr explizit formulierte Zurückweisung des Kantischen Raumbegriffs lesen, stellt man fest, so scheu war Gauß zu dieser Zeit offenbar gar nicht. Zweitens geht es hier gar nicht um die nichteuklidische Geometrie, sondern um die Orientierung im Raum, also um die Widerlegung des Kantischen Arguments für einen absolutem Raum. Ansonsten mischte sich Gauß überhaupt nicht in metaphysische Fragen zur Ontologie des Raumes ein. Er wusste, wie umstritten diese Frage immer noch war. Wie wir aber unten sehen werden, blieb Kants *Kritik der reinen Vernunft* lange Zeit ein Buch mit sieben Siegeln. Die von Gauß gefürchteten Philosophen, von denen die Rede war, hätten sicher nichts dagegen gehabt, noch ein Argument für die Ablehnung der Kantischen Philosophie kennenzulernen. Die Universität Göttingen war eigentlich seit langem ein wichtiger Hort der anti-Kantianer in der Philosophie.

Noch eine letzte Bemerkung zu Gauß und der nichteuklidischen Geometrie. Als Astronom war ihm natürlich sehr bewusst, dass man für praktische Zwecke eine euklidische Raumstruktur annehmen darf. Seit John Wallis war ja bekannt, dass diese Annahme den Weg zur Theorie ähnlicher Figuren eröffnet, also zu Buch VI von Euklids *Elementen*. Vermutlich teilte Gauß die Meinung von Laplace, der in seiner *Exposition du système du monde* (1796) dafür plädierte, dass man das Parallelenpostulat durch das Prinzip ersetzen solle, welches besagt, dass ähnliche Figuren existieren, die ein beliebiges Verhältnis zu einander haben. Laplace betrachtete dies als eine fundamentale Eigenschaft des Raumes, die durch die Gültigkeit des universalen Gravitationsgesetzes Isaak Newtons bestätigt wurde.

4.   Newtonsche Himmelsmechanik in Deutschland

Kehren wir nun zur Zeit zurück, als Gauß und Wolfgang Bolyai sich erst in Göttingen kennengelernt hatten. Beide haben damals bei dem inzwischen über siebzigjährigen Ordinarius Kästner gehört. Über ihn sollte Gauß gelegentlich gesagt haben, er sei „unter den Dichtern seiner Zeit der beste Mathematiker, unter den Mathematikern seiner Zeit der beste Dichter" gewesen.[192] Sicherlich war dies nicht gerade als Kompliment gemeint, aber andererseits sprach Kästners ehemaliger Schüler und langjähriger Kollege Georg Christoph Lichtenberg lobend von ihm. Noch deutlicher äußerte sich Gottfried Ephraim Lessing über Kästner: „Selten werden sich der Gelehrte und der Philosoph, noch seltener der Philosoph und der Meßkünstler (Mathematiker), am allerseltensten der Meßkünstler und der schöne Geist in einer Person beisammen finden" [Cantor/Minor 1882]. Es lohnt sich, doch ein Bild von diesem eigenartigen Mathematiker zu zeichnen.

Der Vater des 1819 in Leipzig geborenen Abraham Gotthelf Kästner war dort Professor der Jurisprudenz und erzog selbst seinen einzigen Sohn streng religiös mit hohen geistigen Anforderungen. Als dieser erst 10 war und schon die Vorlesungen seines Vaters besuchte, beherrschte er vier moderne Fremdsprachen: Französisch, Englisch, Italienisch und Spanisch. Mit 12 begann er Jura zu studieren und es schien zunächst, als ob alles nach Plan des Vaters laufen würde, da er im Jahre 1733 als Vierzehnjähriger zum Notar ernannt wurde. Kästner war jedoch nicht nur ein Wunderkind, sondern er befand sich auf den Weg hin zu einem universellen Gelehrten. Er fühlte sich vor allen zu vier Fächern hingezogen und zwar Mathematik, Physik, Philosophie und Geschichte, er besuchte aber praktisch alle Vorlesungen, die die philosophische Fakultät anzubieten hatte. Darüber hinaus folgte er auch Lehrveranstaltungen in der medizinischen Fakultät, in denen er Kenntnisse von Botanik, Chemie, Feldmessen, Anatomie, gerichtlicher Medizin u.a. erwarb. Als der 37-jährige Kästner im Jahre 1856 seine Professur in Göttingen antrat, gehörte er zu den vielseitigsten geistigen Figuren seiner Zeit.

Während Kästners Jahre in Leipzig übte der Sprachforscher und Literaturtheoretiker Johann Christoph Gottsched starken Einfluss auf ihn aus. Gottsched kam aus Ostpreußen und studierte in Königsberg, bevor er 1727 nach Leipzig kam. Dort lehrte er seit 1730, ab 1734 als ordentlicher Professor der Logik und Metaphysik und als wichtiger Vertreter der rationalistischen Tradition Christian Wolffs. In seinem Werk *Anfangsgründe aller mathematischen Wissenschaften* (1710) führte Wolff die Methode der „mathematischen Lehrart" ein, die in der frühen deutschen Aufklärung eine zentrale Rolle spielte. Es ging um ein kritisches Verfahren, mit welchem man abgesicherte wissenschaftliche Erkenntnisse erzielen

---

[192]Dieser Spruch ist allerdings nicht belegt; für eine eingehende Analyse der Meinung von Gauß über Kästner siehe [Kröger 2014].

und gleichzeitig dogmatische Argumente widerlegen konnte. Gottsched übernahm diese Methode im ersten Band seines Werks *Erste Gründe der gesammten Weltweisheit* (1733) und trat dabei als ein führender Verfechter der Wolffschen Philosophie auf. Vor allem war er jedoch als Sprachforscher bekannt wie auch als Vermittler führender Schriftsteller der französischen Aufklärung, insbesondere der Werke von Fontenelle. Sein Hauptwerk als Theoretiker war die *Critische Dichtkunst* (1729), in der er sich für einen rationalistischen Schreibstil einsetzte. Die Fantasie des Dichters sollte nicht die Grenzen des Vernünftigen verletzen, wobei er aber Spekulationen über andere möglichen Welten im Sinne von Leibniz und Wolff als legitim ansah.

Gottsched wurde schon zu seiner Lebenszeit von Lessing überflügelt, während Figuren wie Kant und Goethe diesen ihnen vorhergehenden Dichter und Denker Deutschlands dann völlig in den Schatten stellten. Wenn wir aber die Auseinandersetzungen über den Raumbegriff und die Grundlagen der Geometrie im 19. Jahrhundert näher betrachten wollen, müssen wir zumindest ein grobes Bild von der Rolle dieser Ideen im Jahrhundert zuvor haben, vor allem in Hinblick auf die Kontroversen im Rahmen der neuen Himmelsmechanik. Im 18. Jahrhundert gab es heftige Kämpfe zwischen Naturphilosophen und Theologen, wobei viele Denker durchaus bemüht waren, einen gemeinsamen Nenner für die damals moderne Wissenschaft und die christliche Religion zu finden. In diesem Zusammenhang kann man Kästner in eine Linie mit dem Schweizer Albrecht von Haller stellen, und zwar als einen wichtigen Vertreter der deutschen Tradition der Lehrdichtung. Das bekannteste seiner Werke ist das 1744 geschriebene „Philosophische Gedicht von den Kometen" [Kästner 1744], das beginnt:

> Mein Lied beschreibt den Stern, der weit von unsern Kraisen,
> Nur selten sich uns naht, uns Kopf und Schweif zu weisen;
> Und wenn er sich so tief in unsre Welt verirrt,
> Des Weisen Neugier reizt, des Pöbels Schrecken wird.
> möchte mir davon ein solches Werk gelingen!
> Als, wenn es Opitz wagt, Vesuvens Brand zu singen,
> Und durch sein Beyspiel zeigt, auch so ein Vers sey schön,
> Der nur Gelehrte reizt, den Kinder nicht verstehn.

Anfang des Jahres 1744 wurde ein Komet mit bloßem Auge am hellen Himmel sichtbar, der aber am Nachthimmel heller als alle Sterne außer Sirius erschien. Bald teilte sich der Schweif auf, und zwar nach Westen in einem 24° langen Zweig, während der östlichen Zweig 7° bis 8° lang

war. Diese Himmelserscheinung bot natürlich nicht nur Gesprächsstoff
für Astronomen, worauf Kästner gleich zu Anfang eingeht. Er zieht auch
den Vergleich mit dem Lehrgedicht „Vesuvius" von Martin Opitz, das
durch den Ausbruch des Vesuvs im Dezember 1631 inspiriert wurde.
Opitz verfasste dasselbe allerdings mitten im Dreißigjährigen Krieg,
während Kästner für die Gelehrtenwelt in der aufkommenden Zeit der
Aufklärung schrieb. Was den gemeinen Aberglauben betrifft, erinnert
Kästner daran, dass Kometen von jeher eine besonders starke Aufregung
mit sich brachten:

> Das Volk, dem die Natur das Haupt umsonst erhöhet,
> Das stets den trägen Blick zur niedern Erde drehet,
> Vergißt sich doch manchmal, und sieht den Himmel an,
> Wenn seine Schläfrigkeit was neues reizen kann:
> Bald, wenn es dunkle Nacht, am heitern Mittag, schrecket,
> Da uns der schwarze Mond das Sonnenlicht verdecket;
> Bald, wenn bey Phöbus Glanz, da jeder Stern vergeht,
> Mit kühnem Schimmer noch die lichte Venus steht;
> Bald, wenn gebrochnes Licht, das durch die Dünste strahlet,
> Der Einfalt Sarg und Schwerdt und Todtenköpfe malet.
> Doch kann wohl nichts so sehr der Dummheit furchtbar seyn,
> Als Sterne, die um sich die blassen Haare streun,
> Und wo man sie erblickt, auf schreckensvollen Schweifen,
> Krieg, Pest, des Fürsten Tod, und Hunger nach sich schleifen.

Kästners Lied galt jedoch nicht dem gemeinen Volk, dessen Aberglaube
immer zur Menschheitsgeschichte gehört hat. Vielmehr ging es ihm
darum, deutlich zu machen, dass es gerade die Gelehrtenwelt war, die bis
vor Kurzem die Wissenschaft der Astronomie mit der Astrologie vermengt
und dadurch gebildete Menschen in die Irre geführt hatte:

> O hätte diese Furcht den Pöbel nur gequält,
> Wo Fleiß und Unterricht dem blöden Geiste fehlt!
> Wie aber, daß darin ihn Männer selbst bestärkten,
> Die auf des Himmels Lauf geschickt und ämsig merkten?
> So viel kann Vorurtheil, von Andacht unterstützt!
> Der Gottheit Rachschwerdt droht, wenn ein Komete blitzt,
> Dieß glaubt man, und genug, daß vor dem Wunderzeichen
> Die Kenner der Natur, wie dummes Volk erbleichen.
>
> Doch ist die jetzt hin; kaum sind es fünfzig Jahr,
> Da noch Chaldäens Wahn der Meßkunst Schandfleck war;

Der Mensch ist nicht der Zweck von Millionen Sternen,
Die er theils kaum erkennt, theils nie wird kennen lernen;
Und daß ein Ländchen nur sein künftig Unglück sieht,
Schickt Gott nicht eine Welt, die dort am Himmel glüht.

Was vor kaum fünfzig Jahre geschehen sei, sagt Kästner nicht sofort, vielmehr geht er zuerst auf die antike Vorstellung von Kometen ein. Damals und auch lange danach war Aristoteles die führende Autorität. In seinen *Meteorologika* beschrieb er, wie brennbare Gase aus Felsspalten entweichen und sich in der Atmosphäre, d.h. in der Welt unter der Sphäre des Mondes, entzünden würden. Durch eine schnelle Freisetzung dieser Gase entstünden Sternschnuppen, durch eine langsame hingegen Kometen. Diese These passte zum aristotelischen Weltbild, wonach derartige „atmosphärische Störungen" nur innerhalb der sublunaren Himmelsgegend stattfinden konnten. Doch im Jahre 1576 führte Tycho Brahe genaue Vermessungen an einem neu aufgetauchten Kometen durch und stellte dabei eindeutig fest, dass dieser keineswegs Teil der sublunaren Region sein konnte. Wegen fehlender Parallaxe musste er sich vielmehr weit außerhalb der Atmosphäre bewegen, wie Kästner zusammenfassend andeutete:

Der weise Stagirit, der Wolf vergangner Zeiten,
Der oft, der Meßkunst treu, sich ließ zur Wahrheit leiten,
Doch der auch öfters fehlt, wenn den verwöhnten Geist
Die Metaphysik nur mit leeren Wörtern speist,
Glaubt, daß ein Schwefeldampf, der aus der Erde steiget,
Und Blitz und Donner wirkt, auch die Kometen zeuget.
Voll Eifer kämpft für ihn der Schüler Unverstand,
Fremd in Euklidens Kunst, am Himmel unbekannt.
Doch weit aus unsrer Luft, zu den Planetenkraisen
Führt Tycho den Komet mit siegenden Beweisen.
Nein, er ist etwas mehr, als irdscher Dämpfe Brunst.
Nein, Ordnung, Laufkrais, Zeit hält kein entflammter Dunst.
…

Umsonst, ein falscher Schluß, auf Vorurtheil gegründet,
Hat erst in unsrer Luft Kometen angezündet.
Der Himmel, sagte man, ist unzerstöhrlich, rein,
Und was vergänglich ist, das muß auch irdisch seyn.
Den Irrthum müssen wir der ersten Welt verstatten;
Viel ist uns helles Licht, ihr warens dunkle Schatten;

Ihr Fleiß verdienet Lob, der stets uns nützlich wird,
Lehrt, wenn er Wahrheit fand, und warnet, wenn er irrt.

So geht denn, weitentfernt von unsrer Athmosphäre,
Der leuchtende Komet dort durch des Himmels Leere.
Du, der unendlich mehr, als Menschen sonst gelang,
Ins Innre der Natur mit kühnen Blicken drang,
O Newton! möchte doch, erfüllt von deinen Sätzen,
Mein Lied der Deutschen Geist belehren und ergötzen.
Zwar nicht von Rechnung voll, nicht in Beweisen scharf,
Doch gründlich, wie man es in Versen werden darf.

Nun mag der Leser erraten, was folgen soll. Newton, als Entdecker der Himmelsmechanik, muss uns über das wahre Wesen des Kometen belehren:

Daß sechzehn Welten stets in unverrückten Kraisen,
Im weiten Himmelsraum, um ihre Sonne reisen;
Daß ein geworfner Stein, der durch die Lüfte dringt,
Im Bogen aufwärts steigt, im Bogen wieder sinkt;
Macht beydes eine Kraft. Es muß mit gleichen Trieben
Die Sonne, der Planet, der Stein die Erde lieben.
Der Schwung von unsrer Hand ist, was den Stein erhebt,
Vom Schöpfer kam der Trieb, der den Planet belebt,
Stets mit dem Zuge kämpft, der ihn zur Sonne senket;
Durch beyde wird der Stern ins runde Gleis gelenket.
Ein ähnliches Gesetz beherrschet den Komet,
Der nur in längrer Bahn auch um die Sonne geht,
Bald näher zu ihr kömmt, als kein Planet sich waget,
Bald hinflieht, wo es nie von ihrem Lichte taget.

So sang in der Geburtsstadt von Leibniz ein deutscher Dichter und Mathematiker ein Loblied auf den berühmten Engländer – und zwar etwa ein halbes Jahrhundert nach dem erstmaligen Erscheinen von Newtons *Philosophiae Naturalis Principia Mathematica*. Der Verfasser des Lobliedes war 25 Jahre alt und zeigte sich über Newtons Gravitationstheorie bestens informiert. Sicherlich dachte Kästner in diesem Zusammenhang auch an den zwei Jahre zuvor verstorbenen Edmond Halley, der seinerzeit die Stelle als königlicher Astronom in Greenwich innehatte. Vor 1719 wirkte er als Inhaber des Lehrstuhls für Geometrie an der Universität Oxford, wo er die Newtonschen Theorie auf die Mondbewegungen anwandte. Es ging ihm dabei darum, Mondtafeln aufzustellen, die für Längenbestimmungen zur See nützlich sein könnten. Dieses Problem war im 18. Jahrhundert von großer Bedeutung für die Engländer, wie z.B. für einen gewissen Kapitän James Cook auf seinen Entdeckungsreisen nach dem Pazifik.

Halley konnte zuvor schon mit Hilfe überlieferter Beobachtungsergebnisse die Bahnelemente der Kometen aus den Jahren 1531, 1607 und 1682 berechnen. Seine Berechnungen brachten ihn auf die Idee, es müsse sich um Wiedererscheinungen desselben Kometen handeln. Nachdem Anfang 1759 seine Vorhersage bestätigt wurde, bezeichnete man diesen Himmelskörper als Halleyschen Kometen. In seiner „Ode to Newton", die beim Erscheinen der *Principia* gedruckt wurde, schrieb Halley an einer Stelle [Newton 1713/1934, xiv]:

> … Now we know
> The sharply veering ways of comets, once
> A source of dread, nor longer do we quail
> Beneath appearances of bearded stars

Statt aber die Leistungen Halleys zu preisen, schlug Kästner eine andere Richtung ein. Denn es lag an ihm als Dichter daran, zu erklären, welche Bedeutung dieser neuen Himmelerscheinung im Rahmen der göttlichen Schöpfung zugemessen werden sollte. Die Astrologie hatte Kästner als längst überholten Aberglaube hingestellt, aber das hieß noch lange nicht, dass die neue Astronomie uns nichts über die Vorsehung Gottes zu lehren hat. Kästners Spekulationen gingen allerdings diesem Thema aus dem Weg:

> Was jeder Erdball braucht vom Feuer und vom Licht,
> Schickt ihm die Sonne zu, und mehr vertrüg er nicht.
> Zu heiß wär es für uns dort, wo die Venus gehet,
> Zu kalt in jenem Raum, wo Mars sich einsam drehet;
> Ob gleich, wie Lybien nebst Grönland Menschen sieht,
> Auch Wesen eigner Art, so Mars als Venus zieht.
> Was aber würde wohl dort im Komet gebohren?
> Ein widriges Gemisch von Lappen und von Mohren,
> Ein Volk, das unverletzt, vom Aeußersten der Welt,
> Wo Nacht und Kälte wohnt, in heiße Flammen fällt?
> Wer ist, der dieses glaubt? Sind da beseelte Wesen:
> So ist ihr Wohnplatz nur zu ihrer Quaal erlesen.

Wer hätte nach den vorigen Strophen erwartet, von außerirdischen Ungeheuern zu lesen, die ihre grausame Existenz auf einem Kometen verbringen? Kästners Spekulationen über die Natur dieser

Kometenbevölkerung führte ihn dazu, wahrhaftige Höllenszenen zu
schildern. Nun, aber von woher kam dieser Komet und was hat er für die
Menschheit zu bedeuten?

> Vielleicht hat er vordem, Planeten gleich geziert,
> Den ordentlichen Lauf um einen Stern geführt,
> Und ietzo muß er erst, aus seiner Bahn gerissen,
> Zerstöhrt, in Brand gesetzt, durch unsern Himmel schießen.
> Des Sternes wahre Bahn blieb Keplern noch versteckt;
> Den Britten hat zuerst ein Newton sie entdeckt;
> Noch vor ihm hatte sie ein Deutscher schon gemessen:
> Doch Newton wird verehrt, und Dörfel ist vergessen.[193]

> Ihr, die ihr stets den Blick nach jenen Höhen werft,
> Ihr, den ein Glas das Aug, den Geist die Meßkunst schärft,
> Sagt, was Verstand und Sinn sonst mehr an ihm erblicket,
> Als einen heißen Ball, der Dämpfe von sich schicket.
> …

> Den hellen Wölkchen gleich, zeigt sich des Hauptes Schein,
> Und einen dichtern Glanz schließt er im Mittel ein:
> Doch nicht, wie ein Planet, den man stets rund erblicket;
> Nein, höckricht, ungleich, rauh, ja öfters gar zerstücket.
> Was zeigt uns dieses an, als einen Ball, der glüht,
> Und den durch dicken Dampf kein Sternrohr deutlich sieht?
> Was wäre sonst der Schweif, als Rauch, der von ihm eilet,
> Und sich im weiten Raum von unsrer Welt zertheilet?
> …

> Und der ist wenigstens noch keines Tadels werth,
> Der uns, so oft er irrt, auch neue Wahrheit lehrt.
> Wie aber, könnte man wohl da ein Licht erblicken,
> Wo keine Körper sind, die es zur Erde schicken?
> Füllt, ihr, die Newtons Schluß nicht überführen kann,
> Den weiten Himmelsraum mit zartem Aether an;
> Doch sollt er uns so stark das Licht zurücke senden,
> So würd ein steter Glanz die Augen uns verblenden.[194]

---

[193]In einem Werk über den Kometen von 1680–81 leitete der Astronom Georg Samuel
   Dörffel aus Beobachtungen her, dass die Kometen sich auf parabolischen Bahnen
   bewegen, in deren einen Brennpunkt die Sonne steht.
[194]Dies klingt wie eine Anspielung auf das Olbersche Paradoxon.

Wenn also physikalisch betrachtet ein Komet gar nichts Erhabenes aufweist, könnte er wohl dennoch eine Hauptrolle in der Menschheitsgeschichte spielen oder gespielt haben? Kästner näherte sich dieser Frage mit Verweis auf diejenigen, die dieselbe früher bejaht hatten:

> Welch Schicksal meynt man wohl, ist einer Welt bestimmt,
> Wofern sie ihren Weg durch diese Dünste nimmt?
> …
>
> Die Ordnung der Natur wird ganz und gar gestöhrt,
> Mit Dünsten fremder Art die reine Luft beschwert,
> Und wenn sie haufenweis auf den Planeten sinken,
> Wird, wie in einer Flut, was Athem holt, ertrinken.
> Die Kugel selbsten wird aus ihrer Bahn gerückt,
> Wenn eingepflanzter Trieb sie zum Kometen drückt;
> Und muß vielleicht, wie er, ins Sonnenfeuer fallen,
> Vielleicht kalt, unbewohnt in größrer Ferne wallen.
>
> Hier öffnet sich ein Feld, euch Dichtern, deren Geist
> So gern ins weite Reich der Möglichkeiten reist,
> Besingt die Wunder nur, die vom Kometen stammen,
> Die Flut der ersten Welt, des letzten Tages Flammen,
> Was Whiston vorgebracht, was Cluver[195] uns gelehrt,
> Und was der kühne Fleiß des muntern Heyn[196] vermehrt.
> Wie sollt euch nicht davon ein prächtig Lied gelingen,
> Wo alles möglich ist, zum Beyfall nichts kann bringen.

Der Engländer William Whiston hat schon 1696 den mosaischen Schöpfungsbericht mittels der Newtonschen Kometentheorie erklärt. In seinem einflussreichen Buch *A New Theory of the Earth*[197] ging er sogar wesentlich weiter: auf Grundlage des Gravitationsgesetzes versuchte er

---

[195]Der Mathematiker, Astronom und Philosoph Detlev Clüver studierte in Jena und Kiel, bevor er nach England ging. Er lebte in London und wurde dort 1678 Mitglied der Royal Society, kehrte ein Jahr später nach Deutschland zurück. Er versuchte sich zum Schluss als selbstständiger Schriftsteller in Hamburg durchzuschlagen, aber 1708 verstarb er dort mittellos.

[196]Johann Heyn war Schuldirektor und Pfarrer in Brandenburg. Kästner bezog sich auf sein Buch *Versuch einer Betrachtung über die Cometen, die Sündflut und das Vorspiel des Jüngsten Gerichts*, 1742.

[197]Whiston kündigte sein Programm in dem vollständigen Titel an: *A New Theory of the Earth, From its Original, to the Consummation of All Things, Where the Creation of the World in Six Days, the Universal Deluge, And the General Conflagration, As laid down in the Holy Scriptures, Are Shewn to be perfectly agreeable to Reason and Philosophy.*

nicht allein die Entstehung der Erde gemäß der heiligen Schriften zu deuten, sondern auch Sintflut, Verbrennung der Welt und Apokalypse, indem er auf die mutmaßlichen Auswirkungen eines wiederkehrenden Kometen verwies. Gemeint war der Komet von 1680/81, welchen Whiston als die Ursache dieser Katastrophen vermutete. Vor ihm kam Halley auf die Idee, dass dieser Komet schon in den Jahren 1106 und 44 v. Chr. beobachtet worden war. Er berechnete seine Bahn und stellte dabei fest, dass dieser Himmelskörper im Lauf von etwa 575 Jahren wiederkehren müsse. Halleys Feststellung regte Whiston zu einer gewagten physikalischen Theorie an, die er zur Klärung der frühen Welt- und Menschheitsgeschichte anführte. Er behauptete, dass die von Halley gefundene Periodenlänge mit der biblischen Chronologie übereinstimme, wobei er z.B. annahm, dass die Sintflut im Jahre 4028 v. Chr. stattgefunden habe. Darüber hinaus wollte er glaubhaft machen, dass die Ursachen für fast alle im Buch Genesis dargestellten Ereignisse mit dem Verlauf von Kometen verbunden waren.

Nachdem Newton 1701 seinen Lehrstuhl als Lucasian Professor in Cambridge aufgegeben hatte, wurde Whiston dessen Nachfolger. Als Inhaber von Newtons Lehrstuhl erweiterte Whiston seine Forschungen zur Bibelexegese auf der Basis der Newtonschen Himmelsmechanik. Diese Interessen passten wunderbar zum Programm der Boyle Lectures, welche der inzwischen verstorbene Naturphilosoph Robert Boyle gestiftet hatte, um die von ihm und Newton neue „mechanische Philosophie" genannte Lehre sowohl gegen Atheisten wie auch gegen Vertreter einer ausschließlich materialistischen Philosophie zu verteidigen. Ähnlich konzipierte Whiston seine Theorie in erster Linie, um die Autorität der Bibel gegen Skeptiker und Deisten in Schutz zu nehmen.

Whistons Kometentheorie stieß auf eine große Resonanz nicht nur in England, sondern auch auf dem Kontinent. Einer ihrer frühen kontinentalen Vertreter war der Hamburger Mathematiker Detlev Clüver, aber ihr wichtigster Fürsprecher war gerade Kästners Leipziger Vorbild C.G. Gottsched. Barbara Mahlmann-Bauer urteilt in einer neueren Studie über diese Rezeptionsgeschichte folgendermaßen:

> Whistons Erdentstehungstheorie ebnete Newtons *Principia mathematica* den Weg in die Lehrbücher deutscher Wolffianer. Johann Christoph Gottsched stellte in seinem Philosophielehrbuch *Erste Gründe der gesammten Weltweisheit* (Leipzig 1733) Whistons Theorie erstmals vor und inspirierte in der Folge Abhandlungen und Lehrgedichte, welche die Entdeckungen Whistons und Newtons priesen und zum

Anlass von Höhenflügen der Phantasie in extraterrestrische Welten machten. [Mahlmann-Bauer 2019, 122]

Die Begeisterung für Newtons Theorie, obwohl von mehreren Seiten in Frage gestellt, hing vielfach mit ihrer Erklärungsleistung in Bezug auf Kometen zusammen. Es schien Gottsched und anderen Anhängern einer rationalistischen Theologie höchst wahrscheinlich, dass Whistons Spekulationen den Schlüssel zum tieferen Verständnis der Erzählungen der Genesis bildeten. Der junge Kästner nahm dagegen in dieser Frage einen ziemlich skeptischen Standpunkt ein.

> So glaubte denn sonst nicht ohne Grund,
> Es thu uns ein Komet den Zorn des Höchsten kund;
> Und kann er gleich kein Land durch Krieg und Pest verheeren:
> So könnte er wohl vielleicht die ganze Welt zerstöhren.
> Wahr ist es, daß wir noch dergleichen nicht gesehn;
> Allein, wie folgt der Schluß, drum könnt es nie geschehn?
> Ich schelte nicht den Fleiß, der für die Wahrheit kämpfet,
> Durch Gründe der Vernunft des Glaubens Feinde dämpfet,
> Und zeigt, ihr kühner Spott seh als unmöglich an,
> Was leicht durch die Natur der Schöpfer wirken kann.
> Doch glaub ich dieses auch; der Erden Ziel zu kürzen,
> Darf nicht die Vorsicht erst Kometen auf uns stürzen.
> Denn wäre der Komet, der uns verderben soll,
> Zuvor auch eine Welt, von Sünd und Menschen voll,
> Und hätt ihn ein Komet aus dieser Bahn verdrungen:
> So frag ich weiter fort, wo dieser her entsprungen?
> Und endlich komm ich doch auf einer Erden Brand,
> Der von was anders her, als vom Komet, entstand.

Und noch mehr, warum sollte ein an der Erde vorbei gerauschter Komet nicht sogar eine heilende Auswirkung herbeiführen?

> Und viele sind gewiß bestimmt zu andern Zwecken,
> Die friedlich ihren Schweif in unsern Kraisen strecken.
> Das Feuer, das der Ball der Sonne stets verliert,
> Wird ihr durch sie vielleicht von neuem zugeführt,
> Vielleicht, daß sie den Dampf durch unsern Himmel streuen,
> Auf allen Kugeln stets die Säfte zu verneuen.
> In feste Körper wird viel Feuchtigkeit verkehrt,
> Wofern uns die Natur recht, wie sie wirkt, belehrt.
> So sehn wir festen Schlamm in faulem Wasser gehen,

So sehn wir hartes Holz aus Wasser meist entstehen,
Vielleicht daß ein Komet, wenn er zu uns sich senkt,
Mit frischer Feuchtigkeit die trocknen Welten tränkt.
So zweifelt Newton hier, und darf man es ietzt wagen,
Wo Newton zweifelnd spricht, was sichres schon zu sagen?
Denn Himmel und Natur schleußt nach und nach sich auf,
Nur wenig kennen wir von der Kometen Lauf,
Und ihren wahren Zweck, wohin sie sich entfernen,
Wie lang ihr Umlauf währt, das mag die Nachwelt lernen.

Wie Justus Fetscher zeigte, kommt das prägnante „Vielleicht"
immer wieder dann in der Literatur von Milton bis Kant vor, wenn die
Schriftsteller ihren Vorstellungen von anderen kosmischen Welten freien
Lauf ließen [Fetscher 2010]. Was Kästner hierzu lange nach dem Tod von
Newton schrieb, soll nun gegen den Hintergrund früherer Entwicklungen
in England kurz geschildert werden.

Als der Theologe Richard Bentley die Vorlesungsreihe der Boyle
Lectures 1692 eröffnete, nahm er Kontakt mit Newton auf, woraufhin
der Autor der *Principia mathematica* seine Ansichten in Bezug auf damit
zusammenhängenden metaphysische und theologische Fragen erläuterte.
Newton spekulierte aber hauptsächlich über kosmologischen Fragen:

> ... if the matter of our sun and planets and all the matter in
> the universe were evenly scattered throughout all the heavens,
> and every particle had an innate gravity toward all the rest, and
> the whole space throughout which this matter was scattered
> was but finite; the matter on the outside of the space would,
> by its gravity, tend toward all the matter on the inside, and by
> consequence, fall down into the middle of the whole space and
> there compose one great spherical mass. But if the matter was
> evenly disposed throughout an infinite space, it could never
> convene into one mass; but some of it would convene into one
> mass and some into another, so as to make an infinite number
> of great masses, scattered at great distances from one to another
> throughout all that infinite space. [Newton 1756]

Samuel Clarke, ein treuer Anhänger Newtons, trat 1704 und 1705 als
Boyle Lecturer auf, Whiston hielt 1707 seine Boyle-Vorlesungen über „The
Accomplishment of Scripture Prophecy". Clarke und Whiston wie auch
Newton selbst verfolgten den Arianismus und lehnten somit den Glauben
an die Trinität mit einem Gott gleichrangigen Sohn und Heiligen Geist ab.

Da Whiston aber sein Bekenntnis zu dieser häretischen Lehre offenlegte, musste er 1710 seinen Lehrstuhl in Cambridge abtreten.

Newton war immer viel vorsichtiger, aber drei Jahre später ging auch er auf theologische Aspekte seiner Naturphilosophie ein. Im Jahre 1713 brachte er die zweite, erweiterte Auflage seiner *Principia Mathematica* heraus, in der das berühmte *General Scholium* erschien. Darin umriss Newton sein Verständnis von Gott, nicht als passive Weltseele, sondern als allgegenwärtigen Weltherrscher.

> Der höchste Gott ist ein ewiges, unendliches und ganz und gar vollkommenes Wesen; aber ein Wesen ohne Herrschaft, mag es noch so vollkommen sein, kann nicht Gott der Herr sein. ... Der Begriff Gott weist ohne Unterschied auf einen Herrn hin, aber nicht jeder Herr ist ein Gott. ... Aus der wahren Herrschaft folgt, dass der wahre Gott lebendig, einsichtig und mächtig ist, aus den übrigen Vollkommenheiten, dass er der Höchste bzw. der im höchsten Masse Vollkommene ist. ... Er ist nicht Ewigkeit und Unendlichkeit, sondern ewig und unendlich; er ist nicht Zeit und Raum, sondern dauerhaft und anwesend. Er ist für immer und überall anwesend; und da er immer und überall existent ist, verkörpert er Zeit und Raum. (übersetzt aus [Newton 1713/1934, 544–545])

Newtons physikalisches Weltbild wurde in den Jahren zuvor von Leibniz und anderen scharf angegriffen, insbesondere verwarfen seine Kritiker Newtons Vorstellung einer fernwirkenden Gravitationskraft. Diese bedeutete in ihren Augen einen Rückschritt für die Naturphilosophie, in die Newton eine Art „occult quality" einführe. In seinem *General Scholium* wies Newton diesen Vorwurf zurück, indem er das Wesen der Gravitation betreffend seine berühmte Aussage „hypotheses non fingo" formulierte. Leibniz blieb natürlich in diesem Zusammenhang wie auch in Cotes' einleitender Zusammenfassung der Gravitationstheorie unerwähnt. Dass beide Texte vornehmlich als Antworten auf die von Leibniz erhobenen Vorwürfe zu lesen waren, dürfte doch viele Zeitgenossen klar gewesen sein, zumal der Streit zwischen Newton und Leibniz über die Erfindung der Infinitesimalrechnung damals in der Öffentlichkeit tobte.

Roger Cotes wurde 1707 der erste Plumian Professor für Astronomie an Trinity College Cambridge, wo Bentley Master war und Whiston als Lucasian Professor die Tradition Newtons aufrechterhielt. Für über drei Jahre arbeitete Cotes eng mit Newton zusammen, um die neue zweite Auflage der *Principia* vorzubereiten. Diese enthielt eine viel detailliertere

Behandlung der Mond- und Kometentheorie, welche zu dieser Zeit im Mittelpunkt astronomischer Forschungen standen. In seiner Einleitung nahm aber Cotes kein Blatt vor den Mund in Bezug auf die Debatten um die natürliche Religion. Er schrieb dazu: "Newton's distinguished work will be the safest protection against the attacks of atheists, and nowhere more surely than from this quiver can one draw forth missiles against the band of godless men" [Cotes 1713, xxxiii]. Drei Jahre später starb der erst 33-jährigen Astronom an einem Fieber.

In der Zwischenzeit ereignete sich eine wichtige Zäsur in der europäischen Geschichte: Im Jahre 1714 bestieg nämlich Kurfürst Georg Ludwig von Hannover als König Georg I den englischen Thron. Leibniz stand in keinem guten Verhältnis zu diesem König und so durfte er nicht zu dieser Zeit mit dem Hannoveraner Hof nach England umziehen. Stattdessen versuchte er über seine Beziehung zu Prinzessin Caroline, nun Princess of Wales und Ehefrau von Georg August, dem späteren König Georg II, seinen Einfluss in England geltend zu machen. In einem Brief an sie vom Mai 1715 schilderte Leibniz die Gefährlichkeit der Newtonianer für das neue Königshaus, wobei er aber zugleich auch die Absurdität ihrer Ideen andeuten wollte, wie z.B. von Newtons Behauptung:

> …dass ein Körper einen anderen Körper bei beliebiger Entfernung anziehe und dass ein Sandkorn bei uns eine Anziehungskraft zur Sonne hin ausübe, und zwar ohne Hilfsmittel bzw. Medium. Werden diese Herren später nicht bestreiten wollen, dass wir ohne Behinderung durch die Entfernung ganz durch Gottes Macht an Jesu Christi Leib und Blut teilhaben können? Das ist ein gutes Mittel, um jene Leute um sich zu scharen, die durch ihre feindselige Haltung gegenüber dem Hause Hannover sich jetzt mehr denn je die Freiheit herausnehmen, gegen unsere Konfession des Augsburger Bekenntnisses so zu sprechen, als ob unsere eucharistische Realpräsenz absurd sei. [Leibniz 1991, 285]

Die Prinzessin, die sich zu diesem Zeitpunkt nach einem Übersetzer für Leibniz' *Theodizee* umschaute, wurde auf den Namen des Theologen Samuel Clarke hingewiesen. Als sie Kontakt mit Clarke aufnahm, erfuhr sie gleich, dass er den Ansichten Leibnizens ablehnend gegenüberstand. Wie sie dann im November 1715 an Leibniz schrieb, wurde sie „mit ihm [Clarke] in einen Disput verwickelt", in dem „er versucht mir die bittere Pille schmackhaft zu machen". Außerdem wolle er nicht zugestehen, dass „Newton die Ansichten hat, die Sie ihm zuschreiben"

[Leibniz 1991, 213]. Leibniz' Antwort leitete Prinzessin Caroline mit der Bitte um eine Stellungnahme an Clarke weiter. Damit löste sie die berühmte Leibniz-Clarke Korrespondenz aus, welche erst 1716 mit Leibniz' Tod abbrach. Ein Jahr später gelangte dieser Austausch durch Clarkes Vermittlung an die Öffentlichkeit.

Wir wollen nicht näher auf diese berühmte Debatte eingehen, in welcher Clarke als Sprachrohr Newtons auftrat. Es ging dabei um verschiedene Ansichten in Bezug auf die Rolle Gottes in der Welt der Natur, wie z.B., ob Gott nicht auf die richtigste und vollkommenste Weise handele? Ob seine Weltmaschine in Unvollkommenheiten geraten könne, die er durch außerordentliche Mittel beheben müsse? Ob der Wille Gottes in der Lage sei, ohne hinreichenden Grund zu handeln? Ob der Raum eine absolute Wesenheit sei? Newtons Begriff des absoluten Raumes stand tatsächlich im Zentrum einer brisanten Diskussion über Fragen der Theologie und Metaphysik, die typisch für das Zeitalter des Rationalismus waren. Ein derartiger Diskurs wäre im neunzehnten Jahrhundert kaum denkbar, zumal die Aufklärer des achtzehnten Jahrhunderts Newtons Theorie ohne seinen Gott für sich aneigneten. Was Raum und Zeit betraf, stellte Kant beide als fundamentale menschlichen Anschauungsformen im Rahmen seiner Epistemologie hin. Sie wurden deshalb nach ihm als Denknotwendigkeiten verstanden. Wie wir gesehen haben, konnte sich Gauß dieser Kantischen Raumlehre nicht anschließen, wobei er als praktizierender Astronom die Gültigkeit der euklidischen Geometrie nie in Frage gestellt hat.[198]

5.   Dichtung und Naturphilosophie

Wir wollen nun den Übergang von der deutschen Aufklärung hin zum neunzehnten Jahrhundert betrachten, indem wir die Göttinger Gelehrtenwelt, in der Zeit bevor der junge Carl Friedrich Gauß dort studierte, kurz vorstellen. Die Universität Göttingen bestand erst seit 1737, bekannt als die Georgia Augusta, da sie von Georg August Kurfürst von Hannover, der zugleich als Georg II. König von Großbritannien regierte, ins Leben gerufen wurde. Sie entstand in bewusster Konkurrenz mit der älteren Universität Halle in Preußen, wo bis 1723 der einflussreiche Philosoph Christian Wolff tätig war. Als Vertreter der deutschen

---

[198]Selbst Karl Schwarzschild hat am Ende des neunzehnten Jahrhunderts denselben Standpunkt vertreten, obwohl er als erster astronomische Parallaxenergebnisse verwendet hat, um oberen Grenzen für den Krümmungsradius des Universums in einem elliptischen bzw. hyperbolischen Raum zu berechnen (siehe hierzu [Scholz 2004]).

Aufklärung stießen seine Ansichten allerdings auf scharfe Kritik. Deshalb wurde er auf Befehl des preußischen Königs Friedrich Wilhelms I. gezwungen, die Stadt Halle innerhalb von 48 Stunden zu verlassen. Wolff ging nach Marburg und durfte 1740, als Friedrich II. den Thron bestieg, seine Professur in Halle wieder bekleiden. Danach wurde jedoch die Universität Halle bald von der Georgia Augusta in den Schatten gestellt.

Dieser frühe Erfolg war in erster Linie dem Minister des Kurfürstentums Hannover Gerlach Adolph von Münchhausen zu verdanken [Brüdermann 1992]. Dem Geist der Aufklärung verbunden, wollte er von Anfang an das Primat der Theologie beseitigen und eine Art Gleichberechtigung aller vier Fakultäten einführen. Dies erreichte von Münchhausen mittels einer klugen Personalpolitik, die er als Begründer und erster Kurator fast 40 Jahre lang bis zu seinem Tod im Jahr 1770 leitete. Er bemühte sich um Finanzierung, Ausstattung und die Berufung von angesehenen Professoren, die frei von Zensur ihre Vorlesungen halten durften. Obwohl sie im Geist der Aufklärung und Toleranz entstand, sollte andererseits die neue Universität dem Land und nicht der Wissenschaft an sich dienen. Als Jurist und Politiker ging es Münchhausen vor allem um eine moderne Anstalt für die Ausbildung qualifizierter Staatsdiener, die man vorwiegend aus dem hannoverschen Adel rekrutieren wollte, damit diese nicht in Halle oder anderswo studieren mussten. Diese jungen Juristen sollten die an der Praxis ausgerichtete Staats- und Kameralwissenschaften kennenlernen. Soweit zu den Motiven des Begründers, die den allgemeinen Kontext verdeutlichen.

Als Gauß 1795 sein Studium begann, wäre es eigentlich naheliegend gewesen, die Universität Helmstedt des Fürstentums Braunschweig-Wolfenbüttel, seinem Heimatland, zu besuchen, von welcher er später seinen Doktortitel erhielt. Diese Institution verlor aber in Laufe des 18. Jahrhunderts zunehmend an Attraktivität und zwar nicht zuletzt durch die Anziehungskraft der neuen Universität Göttingen. Wäre Gauß nach Helmstedt gegangen, hätte er nicht einmal 100 Kommilitonen dort vorgefunden. 1810, als Helmstadt unter der Herrschaft Jerome Bonapartes zu dessen Königreich Westfalen gehörte, verschwand diese Provinzuniversität von der Landkarte. Münchhausens Unternehmen musste sich andererseits erst entwickeln, bevor es sich etablieren konnte. Nach drei provisorischen Jahren konnten anlässlich der offiziellen Öffnungszeremonie, die am 17. September 1737 stattfand, 147 Studenten und mit ihnen 16 Professoren den angereisten Kurator begrüßen.

Nicht alle Gelehrten, die Münchhausen nach Göttingen holte, hatten natürlich das Format eines Kästners. Ein weit weniger bekannter Kollege von diesem war der Philosoph Samuel Christian Hollmann, der als ordentlicher Professor der Logik und Metaphysik zu den ersten Mitgliedern der Philosophischen Fakultät gehörte. Er hielt im Oktober 1734 seine erste Vorlesung in einem provisorisch eingerichteten Frucht- und Getreideschuppen [Hollmann 1787, 21]. Mehr als ein halbes Jahrhundert lang blieb er eine zentrale Figur in der Gründungsphase der Universität. Als Dozent fand er viel Anklang, in erster Linie durch seine philosophischen Vorlesungen, die im Grunde genommen einer Systematisierung vorhandenen Wissenschaften gewidmet waren. Schon etwa ein Jahrzehnt vor Kästners Berufung nach Göttingen wandte sich Hollmann immer mehr den Naturwissenschaften zu. Auch hier ging er eher in die Breite als in die Tiefe; er schrieb Arbeiten zu verschiedenen physikalischen Themen, u.a. zu Meteorologie, Elektrizität und Erdbeben, aber auch zur Anatomie, Botanik und Paläontologie. Es wird berichtet, dass seine Vorlesungen besonders gern von Offizieren und Adeligen gehört wurden; manchmal musste er dieselbe Vorlesung zweimal am Tag halten, um den Andrang an Studenten zu bewältigen. Vermutlich waren ihm diese Umstände keineswegs unangenehm, denn die Hörergelder, die er für seine Veranstaltungen bekam, müssen erheblich gewesen sein.

Im achtzehnten Jahrhundert war es keineswegs selten, dass Naturforscher und Mathematiker sich gleichzeitig als Schriftsteller betätigten. Der Schweizer Albrecht von Haller, Verfasser des monumentalen Gedichtes „Die Alpen", stellt ein berühmtes Beispiel hierfür dar. In „Gedanken über Vernunft, Aberglauben und Unglauben" (1729) schrieb er [Schramm 1985, 18]:

> Ein Newton übersteigt das Ziel erschaffener Geister,
> Findt die Natur im Werk und scheint des Weltbaus Meister;
> Er wiegt die innre Kraft, die sich im Körper regt,
> den einen sinken macht und den im Kreis bewegt,
> Und schlägt die Tafel auf der ewigen Gesetze,
> Die Gott einmal gemacht, dass er sie nie verletze.

In vielerlei Hinsichten war Haller für Kästner ein Vorbild, vor allem durch seine große Bedeutung für die Universität Göttingen, an der er von 1736 bis 1753 als Professor für Anatomie, Chirurgie und Botanik gewirkt hatte [Elsner/Rupke 2009]. Haller führte dort eine Reihe neuer Institutionen ein, u.a. richtete er den Botanischen Gartens und das anatomische Theater ein. 1751 wurde er zudem zum

Präsidenten auf Lebenszeit der neu gegründeten Königlichen Gesellschaft der Wissenschaften zu Göttingen gewählt. Zu den ersten Mitgliedern und Direktoren zählte auch sein Kollege Hollmann, mit dem Haller zu dieser Zeit eng zusammengearbeitet hat. Haller machte die schon bestehenden *Göttingischen Gelehrten Anzeigen* (*GGA*) zu einer Einrichtung der Gesellschaft der Wissenschaften und trug mit etwa 900 Rezensionen wesentlich zu deren Bedeutung bei. Nach Hallers Rückkehr in die Schweiz übernahm der klassische Philologe und Bibliothekar Christian Gottlob Heyne die Leitung der *GGA*.

In seinem Lehrgedicht „Über den Ursprung des Übels" (1734) beschäftigte sich Haller mit dem Problem der Theodizee, die seit Leibniz viele fortschrittliche Denker als einen tiefen Konflikt empfand. In seinen *Essais de Théodicée sur la bonté de Dieu, la liberté de l'homme et l'origine du mal* versuchte Leibniz nachzuweisen, dass unsere Welt die beste aller möglichen Welten sei und deshalb die Existenz des Bösen in der Welt nicht der Güte Gottes widerspreche. Haller, als Naturwissenschaftler und gläubiger Christ, kämpfte mit dieser Problematik, wobei er seiner Fantasie soweit freien Lauf ließ, dass er mit der Vorstellung von der Existenz außerirdischer Intelligenzen spielte, die eine höhere moralische Stufe als die Menschheit auf der Erde verkörpern würden. Seine Vision bleibt allerdings vorsichtig, indem er das „Vielleicht" überall einstreut:

> Vielleicht ersetzt das Glück vollkommener Erwählten
> Den minder tiefen Grad der Schmerzen der Gequälten;
> Vielleicht ist unsre Welt, die wie ein Körnlein Sand
> Im Meer des Himmels schwimmt, des Übels Vaterland!
> Die Sterne sind vielleicht ein Sitz verklärter Geister,
> Wie hier das Laster herrscht, ist dort die Tugend Meister.

Kurze Zeit nach Hallers Weggang von Göttingen ereignete sich eine Naturkatastrophe, die einen Wendepunkt in der Geschichte Europas markiert. Sie fand am 1. November 1755, dem kirchlichen Feiertag Allerheiligen, statt, als ein starkes Erdbeben die Stadt Lissabon erschütterte. Mehrere zehntausend Menschen verloren ihr Leben, viele davon gerade in den überfüllten Kirchen, wo sie sich zum Gottesdienst eingefunden hatten. Dieses tragische Ereignis führte bekanntlich zu Voltaires Abrechnung mit der von Leibniz und Wolff gepredigten Doktrin von der Vorsehung Gottes als Rechtfertigung für das Böse in der Welt. In seinem *Poème sur le désastre de Lisbonne, ou examen de cet axiom:«Tout est bien»* schrieb Voltaire:

> Leibniz lehrt mich überhaupt nicht, durch welche
> unsichtbaren Verknüpfungen in der am besten geordneten
> der möglichen Welten eine ewige Unordnung, ein Chaos von
> Unglücksfällen unseren nichtigen Lüsten wirkliche Schmerzen
> beimischt, auch nicht, warum der Unschuldige so wie der
> Schuldige gleichermaßen dieses unausweichliche Übel erlitt.
> (Übersetzung aus [Schramm 1985, 166])

Noch viel bekannter war Voltaires bissige Satire auf diese Philosophie in seinem Roman *Candide*, wo er diese Lehre als lächerlich hinstellt. Hier tritt Dr. Pangloss als Stellvertreter von Leibniz auf. „Es ist beweisen," erzählt der Herr Doktor seinem Schüler Candide, „dass die Dinge nicht anders sein können, denn da alles für einen Zweck gemacht ist, ist alles notwendigerweise für den besten. Bemerke wohl, dass die Nasen gemacht sind, um Brillen zu tragen, und so haben wir auch Brillen" [Schramm 1985, 166]. Das Erdbeben von Lissabon stellte nicht nur für Voltaire eine moralische Herausforderung dar, es bedeutete einen Wendepunkt für die ganze Aufklärung, deren führende Persönlichkeiten mit dem naiven Rationalismus brechen mussten. Man denkt unwillkürlich an Kants *Kritik der reinen Vernunft*.

Auch der junge Immanuel Kant beschäftigte sich intensiv mit dem Erdbeben von Lissabon, aber wie Matthias Schramm betont hat, ganz anders als Voltaire. Denn er haderte nicht mit Kollegen und Gott. Vielmehr ging er damit wie ein Naturwissenschaftler um, las Berichte, schrieb Texte und versuchte, eine Theorie über die Entstehung von Erdbeben aufzustellen. Kant hatte gerade im Jahre 1755 seinen Doktortitel erworben, ihm wurde auch die *venia legendi* verliehen, womit er das Recht erwarb, Vorlesungen an der Universität Königsberg zu halten. Kant musste jedoch noch fünfzehn Jahre warten, bis er dort eine Professur erhielt. In der Zwischenzeit verfolgte er natürlich die laufende Literatur in der Schulphilosophie aber gleichzeitig die neuen Errungenschaften in der Naturphilosophie, vor allem in Hinblick auf die Naturlehre Newtons.[199] Insofern teilte der junge Kant dieselbe Orientierung als Kästner, der jedoch Kant in seiner kritischen Phase nicht gefolgt hat. Eine Anekdote aus dieser späteren Zeit scheint dies jedenfalls zu belegen: „Als ihn jemand fragte, ob er kantische Philosophie studiere, erwiderte er, er habe zwölf Sprachen gelernt, er wolle in seinem Alter nicht noch die dreizehnte lernen" (zitiert

---

[199]Zu Kants Karriere als Naturphilosoph und Anhänger der Newtonschen Theorie siehe [Friedman 1992].

nach [Müller 1904, 83]). Wie wir sehen werden, gibt diese Äußerung die damals geläufige Meinung zu Kants Hauptwerk wieder.

Kästners Karriere in Göttingen begann 1756, also drei Jahre nachdem Haller seine Professur aufgegeben hatte.[200] Er hätte eigentlich schon Hallers Stelle bei dessen Rücktritt antreten können, lehnte aber dieses Angebot ab. Im Jahre 1755 kam dann eine erneute Anfrage, da der Göttinger Ordinarius für Mathematik und Physik, Johann Andreas von Segner, als Nachfolger des Philosophen Christian Wolff an die Universität Halle berufen worden war. Diesmal nahm Kästner den Ruf an. Als er nach Göttingen kam, gab es viel Unruhe in der Stadt, da das Land Hannover in den Siebenjährigen Krieg verstrickt war. Französische Truppen waren eingedrungen und Göttingen wurde bis Oktober 1762 vorübergehend besetzt. Der Lehrbetrieb der Universität war allerdings davon nicht betroffen und Kästner selbst war keineswegs unglücklich über die französischen Offiziere, die seine Vorlesungen regelmäßig besuchten. Sein allgemeines Urteil lautete: „Ich fand aber wenigstens bei denen, die sich meines Unterrichtes bedienten, daß sie in der Naturlehre einen besseren Geschmack hatten und in der Meßkunst um tiefere und gründlichere Einsichten bemüht waren, als die meisten der deutschen Studirenden" [Cantor/Minor 1882].

Kästners nächststehender Fachgenosse war der Astronom und Leiter der Sternwarte Tobias Mayer. Zwischen beiden gab es ein gutes Verhältnis, zumal Kästner seine Bereitschaft zeigte, die Neugierde derjenigen Studenten zu befriedigen, die nur gewisse Himmelserscheinungen sehen wollten. Als Mayer im Februar 1762 noch nicht 40 Jahre alt starb, übernahm Kästner ein Jahr später die Leitung der Sternwarte. Mittlerweile umspannten seine Vorlesungen in Göttingen ein breites Spektrum von Themen, die sich keineswegs auf die mathematischen Wissenschaften beschränkten. Er las z.B. auch über Experimentalphysik wie auch über verschiedene Teile der Naturgeschichte. Zwei seiner Schüler übernahmen später die Vorlesungen zur Experimentalphysik, sodass Kästner sich ab 1780 auf mathematische Vorlesungen konzentrieren konnte.

Der jüngere der beiden Schüler hieß Johann Christian Polykarp Erxleben; er starb schon 1777 im Alter von nur 33 Jahren. Sein zwei Jahre älterer Freund war der schon erwähnten Georg Christoph Lichtenberg, der ab dieser Zeit seine großen Erfolge als Hochschullehrer erlebte [Lichtenberg 1992], [Krayer 2017]. Kästner neidete anscheinend seinem Kollegen seinen Erfolg nicht, obwohl er weit weniger Zuhörer in

---

[200]Zu Kästners langer Karriere in Göttingen siehe [Müller 1904].

seinen mathematischen Vorlesungen anzog als Lichtenberg in seinen Veranstaltungen. Kästners Studenten waren in der Regel wissbegierig. In der Experimentalphysik hatte er immer wieder die Erfahrung gemacht, dass die Besucher hauptsächlich wegen der Vorführungen kamen, aber nicht, um tiefere Kenntnisse zu erwerben.

Lichtenberg war Sohn eines protestantischen Pfarrers und wuchs in Darmstadt auf, wo er die alte Lateinschule Pädagog besuchte. In Göttingen studierte er Mathematik, Physik, zivile und militärische Baukunst, Ästhetik, die englische Sprache und Literatur, Staatengeschichte Europas, Diplomatik und Philosophie. Seine Einstellung als außerordentlicher Professor für Philosophie im Jahre 1770 war wohl die letzte Berufung, welche Münchhausen als Rektor der Universität vollzog. Die Umstände dabei waren durchaus ungewöhnlich. Während seiner Studienjahre in Göttingen wie auch danach schlug sich Lichtenberg durch, indem er als Hofmeister wohlhabender englischer Studenten arbeitete. Im April 1770 begleitete er zwei von diesen reichen jungen Männern auf einer Reise nach London [Hoffmann 1992].

Zu dieser Zeit regierte in England schon seit 1760 Georg III, der – English born und English bred – entsprechend wenig Interesse für das Kurfürstentum Hannover zeigte. Er traf mit Lichtenberg in der königlichen Sternwarte in Richmond zusammen, danach konnte der kleinwüchsige Wissenschaftler dank königlicher Empfehlung seine Laufbahn als Hochschullehrer beginnen. Lichtenbergs Lehrtätigkeit in Göttingen wurde in der ersten Phase seiner Karriere allerdings oft durch dienstliche Vermessungsreisen unterbrochen. Bis Dezember 1775 bot er während insgesamt sieben Semestern Vorlesungen über mehreren Themen an, vor allem über reine Mathematik, wie z.B. Algebra, Analysis, Geometrie, Euklids *Elemente* und die Kegelschnittlehre, aber auch die Berechnung von Fixsternbedeckungen und nebenbei Englisch.

Man merkt, dass Lichtenberg zu dieser Zeit keine physikalischen Vorlesungen las. Dieser Umstand änderte sich jedoch bald nach seinem zweiten Aufenthalt in England, der vom August 1774 bis Ende Dezember 1775 währte. Diesmal handelte es sich um eine echte Bildungsreise, bei welcher er bekannten Wissenschaftler wie James Watt, Joseph Banks und Joseph Priestley kennenlernte. Wieder wurde Lichtenberg von König Georg III. empfangen; noch vor seiner Rückkehr nach Göttingen wurde er zum ordentlichen Professor ernannt. Der andere begabte Schüler von Kästner, Johann Christian Polykarp Erxleben, wurde im gleichen Jahr Professor für Physik und Tierheilkunde. Nach seiner Rückkehr bezog Lichtenberg eine Wohnung im Haus des Buchhändlers und

Verlegers Johann Christian Dieterich, wo er ab Sommersemester 1776 in einem Hörsaal in diesem Haus seine Vorlesungen hielt [Joost 2017]. Ein Jahr danach starb sein Freund Erxleben, dessen *Anfangsgründe der Naturlehre* schon 1772 von Dieterich veröffentlicht worden waren. Diese Vorkommnisse brachten Lichtenberg auf die Idee, er könnte Physikvorlesungen auf der Grundlage des Buches von Erxleben halten. Er konsultierte seinen ehemaligen Lehrer Kästner und war erleichtert, als dieser seinen Vorschlag wohlwollend aufnahm. Kästner riet Lichtenberg allerdings, dass „wir eine unmathematische Physik hier nicht mehr aufkommen lassen müssen". Gemeint waren die Vorlesungen seines Kollegen Samuel Christian Hollmann [Joost 2017, xx].

Die Feindschaft zwischen Kästner und Hollmann war sicherlich zu dieser Zeit im ganzen Lehrerkollegium längst bekannt. Lichtenberg versuchte sich herauszuhalten, oder, wie in diesem Fall, in der Gunst seiner älteren Kollegen zu verbleiben. Einige Jahre später las er jedoch mit Entsetzen, wie Hollmann sich neulich über Kästner geäußert hat. In einem Brief schrieb er 1783 einem Freund: „Der Sieben und achtzigjährige Hollmann, und Senior der ganzen Universität wie er sich selbst nennt, hat kürztlich ein Buch . . . drucken lassen, worin er einen ganzt abscheulichen Ausfall auf Kästnern thut, und ihm auf eine verdrüßliche Weise und ihm den freylich grosen Mayer entgegengesetzt, und dabey einen mathematischen Charlatan nennt" [Lichtenberg 1992, 121].

Lichtenberg schrieb einmal im Jahre 1786 an eine Verwandte, dass die Stadt Göttingen hauptsächlich für zwei Produkte bekannt sei: Mettwürste und Compendia. Er selbst hat aber nie ein selbständiges Lehrbuch verfasst, sondern brachte stattdessen mehrere neue Auflagen von Erxlebens *Anfangsgründe der Naturlehre* heraus. Lichtenberg distanzierte sich allerdings vom didaktischen Standpunkt des verstorbenen Freundes. Er äußerte sich hierzu bei Gelegenheit:

> . . . dass man predigt, ohne Mathematic lasse sich gar nichts in der Naturlehre thun, wie HE Erxleben thut, macht man drum nicht mehr Mathematicker, sondern bewückt nur, dass junge Leute, weder Mathematic noch Naturlehre treiben, umgekehrt hat mancher, der an Versuchen Vergnügen gefunden, erst Mathematik getrieben ohne es zu wissen (denn jeder gute Kopf geometrisirt) und ist hernach zu dem geleitet worden, was mehr Mathematic heißt. [Beuermann 1992, 355]

Lichtenberg schrieb dies 1784; möglicherweise wollte er Kästner diese Zeilen zuschicken, denn dieser vertrat genau die Meinung, die hier kritisiert wurde. Wie schon erwähnt, hatte Kästner etwa ein Jahrzehnt zuvor angemahnt, keine „unmathematischen" Lehrveranstaltungen in Physik anzubieten. Sein jüngerer Kollege lernte jedoch in der Zwischenzeit, dass eine unmathematische aber unterhaltsame Physikvorlesung viel besser ankam – und sogar noch besser, wenn es ab und zu wirklich knallte. Seine physikalischen Interessen führten ihn weg von Problemen, die man mittels der neuen mathematischen Methoden behandeln konnte. Lichtenberg teilte zum großen Teil den Skeptizismus vieler anderen Vertreter der Aufklärung. Diese Haltung unterschied Lichtenbergs Welt grundsätzlich vom Rationalismus eines Kästners.

In seiner Studie zu Kant wies Michael Friedman darauf hin, dass zwischen 1776 und 1783 der Philosoph mehrmals Vorlesungen über physikalischen Themen las, wofür er sich entweder auf die erste oder auf die zweite Auflage von Erxlebens *Anfangsgründe der Naturlehre* stützte [Friedman 1992, 282–287]. Zweifelsohne stand Kant während dieser Zeit wie auch danach mit Lichtenberg in Kontakt. Letzterer hielt 1796 eine Vorlesung auf der Grundlage von *Metaphysische Anfangsgründe der Naturwissenschaft* [Kant 1786]. Nach Erscheinung dieses Werkes wurde Lichtenberg gebeten, eine Rezension zu schreiben. Er nahm aber dieses Angebot nicht an, wohl um weitere Spannungen mit den Göttinger Philosophen aus dem Weg zu gehen. Die zwei dortigen Professoren der Philosophie, Johann Georg Heinrich Feder und Christoph Meiners, standen der Kantischen kritischen Philosophie völlig ablehnend gegenüber. In seinen Sudelbüchern notierte Lichtenberg aber: „Kant unterscheidet sich dadurch von anderen Philosophen, dass er seine hauptsächliche Aufmerksamkeit auf das Instrument richtet; dessen Güte und hauptsächlich dessen Umfang untersucht, wie weit es reicht, und ob es auch dazu taugt Dinge auszumachen, die man damit ausmachen will, das ist er untersucht die Natur unseres … Erkenntnis-Vermögens [Lichtenberg 1992, 161].

Lichtenberg bewunderte Kants Vielseitigkeit und teilte sicherlich Kants Auffassungen in dessen berühmten Essay „Was ist Aufklärung?" [Kant 1784]. Dieser erschien in der *Berlinischen Monatsschrift* als einer von mehreren Versuchen, die Titelfrage zu beantworten. Drei Monate vor Kants Beitrag wurde die Antwort des Philosophen Moses Mendelssohn unter mit dem Titel „Ueber die Frage: was heißt aufklären?" gedruckt. Den Namen Kant kennt heute fast jeder und nicht wenige haben sein Essay in der Schule lesen müssen. Unter Philosophen ist seine *Kritik der reinen Vernunft* (*KrV*) seit langem eine Pflichtlektüre. Zu seiner Lebenszeit sah dies allerdings ganz anders aus. Selbst unter den Leuten wie Lichtenberg, die von Kant mit Bewunderung sprachen, gab es sicherlich kaum drei, die behaupten konnten, sein Buch gelesen und verstanden zu haben.

Ironischerweise war Feder als Mitarbeiter der *Göttingischen Gelehrten Anzeigen* (*GGA*) in eine Affäre verwickelt, die Kant dazu bewegte, nicht nur seine Ideen zu klären, sondern auch sein ganzes Anliegen vor der Gelehrtenwelt auszubreiten. Als Kant eine am 19. Januar 1782 geschriebene Rezension seiner *Kritik der reinen Vernunft* in den *GGA* las, konnte er seinen Augen kaum glauben, was er dort erfuhr. Der anonyme Rezensent behandelte sein Werk eher ablassend und das Ganze als „ein System des transzendenten (oder, wie er es übersetzt, des höheren) Idealismus" charakterisiert. Kant hatte seit 1770, das Jahre seiner Berufung zum Professor für Logik und Metaphysik, seine Kräfte voll und ganz diesem Buch gewidmet, sodass er keineswegs bereit war, diese für ihn unglaubliche Missachtung hinzunehmen. Möglicherweise wurde ihm auch in der Zwischenzeit klar, dass er von seinem hohen Katheder heruntersteigen und einen einfacheren Schreibstil verwenden müsste, wenn er aufmerksame Leser gewinnen wollte.

Das Ergebnis erschien im folgenden Jahr, die *Prolegomena zu einer jeden künftigen Metaphysik, die als Wissenschaft wird auftreten können* [Kant 1783]. Heute kennt man dieses Werk hauptsächlich als eine Einführung in die viel anspruchsvollere *Kritik der reinen Vernunft*, aber es war auch eine scharf formulierte, teilweise recht polemische Antwort auf die Rezension in der *GGA*. Kant charakterisierte diese folgendermaßen:

> …als wenn jemand, der niemals von Geometrie etwas gehört oder gesehen hätte, einen Euklid fände, und ersucht würde, sein Urteil darüber zu fällen, nachdem er beim Durchblättern auf viel Figuren gestoßen, etwa sagte: „das Buch ist eine systematische Anweisung zum Zeichnen: der Verfasser bedient sich einer besondere Sprache, um dunkele, unverständliche Vorschriften zu geben, die am Ende doch nichts mehr ausrichten können, als was jeder durch ein gutes natürliches Augenmaß zu Stande bringen kann etc."

Im Übrigen wies Kant die Behauptung zurück, er sei Verfasser eines Werkes zum sogenannten „höheren Idealismus":

> Bei Leibe nicht der höhere. Hohe Türme, und die ihnen ähnlichen metaphysisch-große Männer, um welche beide gemeiniglich viel Wind ist, sind nicht vor mich. Mein Platz

ist das fruchtbare Bathos der Erfahrung, und das Wort transzendental, dessen so vielfältig von mir angezeigte Bedeutung vom Rezensenten nicht einmal gefaßt worden (so flüchtig hat er alles angesehen), bedeutet nicht etwas, das über alle Erfahrung hinausgeht, sondern, was vor ihr (a priori) zwar vorhergeht, aber doch zu nichts Mehrerem bestimmt ist, als lediglich Erfahrungserkenntnis möglich zu machen.

In einem Anhang zu den *Prolegomena* widerlegte Kant eine Reihe von Behauptungen des Rezensenten und forderte ihn auf, „aus dem Inkognito zu treten" (ebd., A 215). Der Philosoph Christian Garve kam dieser Aufforderung nach, aber er schilderte in einem langen Brief an Kant eine komplizierte Geschichte, die ihn eigentlich entlastete. Die Hauptverantwortung für die von Garve kaum wiedererkannte gedruckte Fassung seiner Rezension lag bei einem Kollegen, den er aber nicht nennen wolle. Kant versöhnte sich mit Garve, schrieb einen langen freundlichen Brief an ihn zurück und deutete an, wer seiner Meinung nach hinter der Druckfassung steckte. Etwa ein Jahr später erfuhr Kant, dass der Missetäter tatsächlich der anti-Kantianer Feder war. Rückblickend auf diese Zeit kann man sich wohl der Meinung anschließen, dass in Göttingen Lichtenberg, viel mehr als die berufsmäßigen Philosophen, derjeniger war, der als eigentliche philosophische Kopf der Universität galt [Cramer/Patzig 1994].

Der von Kästner verschmähte Samuel Christian Hollmann war noch am Leben zu dieser Zeit. Er wollte ein persönlich gefärbtes Portrait von der frühen Geschichte der Universität Göttingen schreiben, kam aber nicht über die ersten drei Jahren hinaus, als er 1787 starb. Dieses Büchlein [Hollmann 1787] legt ein klares Zeugnis von seiner Eitelkeit und seinem Neid den anderen Kollegen gegenüber ab. Kästner konnte seinerseits auch hart austeilen, wie Lichtenberg selbst wusste. Kästner wurde einst von Lichtenberg in einem Epigramm verspottet [Lichtenberg 1992, 315]:

> Jack Philadelphens Spiel
> verscheuchtest Augusta du?
> Und sahst doch vierzig Jahr
> den Spielen Hollmanns zu?

Es geht hier um eine interessante Episode, die sich im Januar 1877 in Göttingen abspielte, also nur einige Monate, bevor Gauß das Licht der Welt erblickte. Eigentlich ging es um eine Affäre, die dazu führte, dass ein angekündigter Aufenthalt dort nicht zustande kam. Lichtenberg hörte nämlich um diese Zeit, dass der inzwischen weltweit bekannte Zauberer Jakob Meyer, der den Künstlernamen Jacob Philadelphia nach seiner angeblichen Geburtsstadt annahm, eine Reihe von Vorführungen in Göttingen angekündigt hatte. Was Lichtenberg von verschiedenen früheren Auftritten desselben wusste, bleibt unklar, abgesehen davon, dass Philadelphia exorbitant hohe Eintrittspreise verlangte. Dies allein könnte Lichtenberg motiviert haben, diesen *caveat emptor* anzumelden:

> Allen Liebhabern der übernatürlichen Physik wird hierdurch bekannt gemacht, daß vor ein paar Tagen der weltberühmte Zauberer Philadelphus Philadelphia, dessen schon Cardanus in seinem Buche de natura supernaturali Erwähnung tut, indem er ihn den von Himmel und Hölle Beneideten nennt, allhier auf der ordinären Post angelangt ist, ob es ihm gleich ein Leichtes gewesen wäre, durch die Luft zu kommen. Es ist nämlich derselbe, der im Jahr 1482 zu Venedig auf öffentlichem Markt einen Knaul Bindfaden in die Wolken schmiß und daran in die Luft kletterte, bis man ihn nicht mehr gesehen. Er wird mit dem 9ten Jänner dieses Jahres anfangen, seine Ein-Talerkünste auf dem hiesigen Kaufhause öffentlich-heimlich den Augen des Publici vorzulegen, und wöchentlich zu bessern fortschreiten, bis er endlich zu seinen 500 Louis d'or-Stücken kommt, darunter sich einige befinden, die, ohne Prahlerei zu reden, das Wunderbare selbst übertreffen, ja, so zu sagen, schlechterdings unmöglich sind.

> Es hat derselbe die Gnade gehabt, vor allen hohen und niedrigen Potentaten aller vier Weltteile und noch vorige Woche auch sogar im fünften vor Ihrer Majestät der Königin Oberea auf Otaheite mit dem größten Beifall seine Künste zu machen. Er wird sich hier alle Tage und alle Stunden des Tages sehen lassen, ausgenommen Montags und Donnerstags nicht, da er dem ehrwürdigen Kongreß seiner Landsleute zu Philadelphia die Grillen verjagt, und nicht von 11 bis 12 des Vormittags, da er zu Konstantinopel engagiert ist, und nicht von 12 bis 1, da er speist.[201]

Welche Zauberkunststücke durfte das Publikum von ihm also erwarten? Lichtenberg nannte nicht weniger als sieben Kunststücke, die die

---

[201] Auszug von Lichtenbergs Avertissement (Göttingen, Januar 1877), www.lichtenberg-gesellschaft.de

Zuschauer sicherlich zum Staunen bringen würden. Philadelphia wird z.B. zwei Damen mit ihren Köpfen auf einen Tisch stellen, sodass ihre Beine nach oben zeigen. Dann werden sie sich mit unglaublicher Geschwindigkeit wie Kreisel drehen, aber dies „ohne Nachteil ihres Kopfzeugs oder der Anständigkeit in der Richtung ihrer Röcke". Das beste Stück aber wäre das letzte, nämlich: Philadelphia sammelt Uhren, Ringe und Juwelen, auch bares Geld ein und stellt jedem dafür einen Schuldschein aus. Dann wirft er alle Gegenstände in einen Koffer und reist ab. Nach 8 Tagen muss jede Person ihren Schein zerreißen, und plötzlich – wie ein wahres Wunder – sind alle Uhren, Ringe und Juwelen wieder da! Diese lustige Vorwarnung muss jedoch dem Zauberkünstler zu Ohren gekommen sein, denn wie Kästner schrieb, wurde er wegen Lichtenbergs Witzblatt regelrecht aus Göttingen verscheucht.

Diese Episode ist aber auch interessant, wenn wir uns klar machen, dass Lichtenbergs einmalige Karriere als Künstler der experimentellen Physik, dessen Demonstrations-Experimente zum Markenzeichen seiner Vorlesungen wurden, gerade zu dieser Zeit begann. Er las während der letzten zwanzig Jahre seines Lebens viel, etwa 120 Stunden pro Semester, voller Versuche verpackt; zu seinem Repertoire gehörten mindestens insgesamt 600 Experimente. Fast alle Geräte, die er dabei verwandte, hat er selbst angeschafft. Die Kosten konnte er zu einem erheblichen Teil durch die studentischen Hörergelder abdecken, denn seine Vorlesungen waren sehr gut besucht. Es gab selten weniger als 50 Zuhörer, in guten Jahren füllten bis zu 120 in seinem Hörsaal. In einem Brief von 1782 an seinem Freund und Vermieter, den Verleger Dieterich, konnte er erfreut berichten, dass sich über 100 zahlende Studenten für seine Physikvorlesung eingeschrieben hatten. „Sie schwäntzen aber jetzt schon", fügte er hinzu, „bis es blitzt und donnert" [Beuermann 1992, 355].

Das Kolleg-Geld betrug 5 Taler, das Doppelte für Adlige, die die besseren Sitzplätze bekamen. Man schätzt, dass Lichtenberg allein aus diesem Standardkolleg ein zusätzliches Jahreseinkommen zwischen 500 und 1200 Talern erlöste [Joost 2017, xxii]. Viele Besucher waren allerdings nicht regulär immatrikulierte Studenten, sondern durchreisende Gäste, Adelige oder prominente Wissenschaftler, wie 1783, als Goethe zusammen mit dem Grafen Hardenberg und ein paar anderen Adeligen auftauchte. Lichtenbergs Zeitgenossen kannten ihn also vornehmlich als Dozenten und vor allen wegen seiner Aufsehen erregenden Versuche, die er in seinen Vorlesungen ständig ausführte, wie Gustav Beuermann betonte. Lichtenbergs didaktischer Stil lässt sich in etwa durch dieses Zitat kennzeichnen:

> In Collegiis über die Experimental-Physic muss man etwas
> spielen; der schläfriche wird dadurch erweckt, und der
> wachende vernüfftige sieht Spielerreyen als Gelegenheiten an,
> die Sache unter einem neuen Gesichtspunckt zu betrachten.
> Ew. Wohlgeborenen schöner und lehrreicher Versuch wird
> dem Purschen gewiss besser gefallen, wenn ein Paar
> Fensterscheiben dabey zu Grunde gehen. [Beuermann 1992,
> 355]

Zu Lichtenbergs Zuhörern zählten aber auch ernsthafte Naturwissenschaftler wie Alexander von Humboldt, Wilhelm Olbers, Carl Friedrich
Gauß und Wolfgang Bolyai. In späteren Jahren kannte Gauß sicherlich
einige satirischen Kritiken und Polemiken des Physikers Lichtenberg,
obwohl dessen Ruhm als Aphoristiker erst posthum entstand, nachdem
die ersten Auszüge aus seinen sogenannten Sudelbüchern gedruckt
worden waren.[202] Seitdem sind die meisten Schriften Kästners
längst vergessen, während Lichtenbergs Stern als Literat stets weiter
aufgegangen ist. Wie ist es aber denn bei Kurd Laßwitz ergangen?

6.   Laßwitz als Schriftsteller und Wissenschaftshistoriker

Zu seinen Lebzeiten war Laßwitz unter Mathematikern als Verfasser
witziger Verse bekannt. Der Didaktiker Walther Lietzmann gab in
[Laßwitz 1924] eine Reihe von Beispielen, u.a. dieses kleine Gedicht über
die treibende Kraft hinter der Infinitesimalrechnung, erzählt von keinem
anderen als dem Geist dx:

> Als Zuwachs hingeraten
> Bin ich einst hinterrücks
> Zu zwee'n Koordinaten,
> Seitdem heiß' ich dx.
>
> Es war da auch ein Bogen
> Um eine Sehne 'rum,
> Den habe ich grad gezogen,
> Die Sehne nahm's nicht krumm.
>
> Sie nahm auf meine Bitte
> Ein Dreieck mit mir ein –
> Raum hat die kleinste Hütte,

---

[202]Zum Inhalt derselben, siehe [Joost 1992].

Und ob sie endlos klein!

Wir hatten selbstverständlich
Ein still' Verhältnis dort,
Doch dies war leider endlich,
Das merkte man sofort.

Normalen und Tangenten –
Ade Geometrie!
Ich zieh' zu den Studenten,
Und reize ihr Genie.

Die Gleichung konzipieren
Gern helf' ich Jedermann.
Kann er's nicht integrieren,
So geht mich das nichts an.

Was war das für ein Segen,
Als mich der Leibniz fand,
Nur, dass mich allerwegen
So niemand recht verstand.

Und bleib ich problematisch
Des Philosophen Qual,
Das ist mir mathematisch
Wahrhaftig ganz egal.

Ihr wisst ja, wie ich's meine,
Nun trinkt ihr noch einmal
Auf das Unendlichkleine,
Das Differential. [Laßwitz 1924, 73]

Das Ritual des Biertrinkens kommt in den Gedichten von Laßwitz ständig vor, man versteht sofort, dass er sehr gern vor Publikum in einer Kneipe vorlas oder mitsang. Einem besonderen Anlass widmete er eines seiner bekanntesten Stücke und zwar seine Parodie von Goethes *Faust*. Um niemand zu brüskieren, verbeugte er sich zunächst vor dem Meister mit der Erklärung:

Von Herrn von Goethe, Exzellenz, durch astrophysische Vermittlung aus der vierten Dimension in ein von allen Seiten verklebtes Buch eigenhändig aufgezeichnet. Im spirituösen Auftrage des Mathematischen Vereins zu Breslau aufgeschnitten und herausgegeben von Dr. Kurd Laßwitz. Zur Feier des 20. Stiftungsfestes am 11. Februar 1882 aufgeführt und für die Mitglieder und Gönner des Vereins als Manuskript gedruckt. [Laßwitz 1924, 7]

Prost, der Faust-Tragödie (-*n*)ter Teil

Szene: Prost, stud. math. in höheren Semestern, steht vor dem Staatsexamen in Breslau. Nach dem Abendessen sitzt er am Tisch. Auf dem Tisch zwischen allerlei Büchern sieht man ein Bierseidel und Bierflaschen, rechts von ihm ein Sofa, links eine Tafel auf einem Gestell, Kreide und Schwamm. Auf der Tafel ist eine die ganze Fläche einnehmende ungeheuerliche Differentialgleichung aufgeschrieben.

Prost (der sich erst stärkt):

> Habe nun, ach, Geometrie
> Analysis und Algebra
> Und leider auch Zahlentheorie
> Studiert, und wie,
> Das weiß man ja!
> Da steh' ich nun als Kandidat
> Und finde zur Arbeit keinen Rat.
> Ließe mich gern Herr Doktor lästern;
> Zieh' ich doch seit zwölf Semestern
> Herauf, herab und quer und krumm,
> Meine Zeichen auf dem Papier herum
> Und seh', dass wir nichts integrieren können.
> Es ist wahrhaftig zum Kopfeinrennen!
> Zwar bin ich nicht so Hirnverbrannt,
> Dass ich mich quälte als Pedant,
> Wenn ich 'ne Reihe potenziere,
> Zu seh'n ob auch sie konvergiere,
> Und ob 'ne Funktion stetig sei,
> Das ist mir ganz einerlei.
> Dafür – ist es nicht zum Ergrimmen?
> – Will mir auch niemals die Rechnung stimmen.
> Eine Gleichung habe ich zu diskutieren,
> Doch kann ich vom Integral nicht spüren.
> Im Verein ist's schlecht um mich bestellt;
> Denn zum Beitrag habe ich niemals Geld.
> Es möchte kein Hund so länger leben.

Drum Hab' ich mich der Magie ergeben,
(auf sein Seidel klopfend)
Ob Geistes Kraft durch meinen Mund
Mir ein Geheimnis mache kund,
Dass ich nicht mehr mit Kreide und Schwamm
Zu traktieren den Formelkramm,
Dass ich finde mit einemal
Meiner Gleichung Integral.

Prost sehnt sich nach dem lustigen Vereinsleben:

Könnt ich nah der Sitzung Müh'n,
Wenn andre dem Lokal entflieh'n,
Am Kneiptisch wieder Lieder brüllen,
Mit braunem Trank den Leib mir füllen
Und bei den Schoppen Lustgetön
Noch lange nicht nach Hause geh'n!

Er wird dann aber auf einmal mutiger:

Doch nein! Selbst hier fühl' ich den Geist,
Der in dem Biere sich erweist.
Ob nicht auch schon die stille Suff
Mitunter klare Einsicht schuf? (Stärkt sich.)
Schon fühle ich ein sanftes Weh'n
Durch Kopf und Glieder lieblich geh'n –
Ich dächte – laßt dich einmal sehn,
Den Riemann müßt' ich nun verstehn. (Schlägt ein Buch
     auf)

Er gibt jedoch bald danach auf:

Welch Schauspiel! –
Aber ach, ein Schauspiel nur!
Ich fühl' es wohl
Noch fass' ich keine Spur.
(Schlägt das Buch zu und stärkt sich.)
Fort mit dem schnörkelhaften Buche!
Ob ich's noch einmal selbst versuche?
Vielleicht, dass der Geist erleuchtet,
Wenn ich ihn kräftig angefeuchtet.
(Stärkt sich im Folgenden wiederholt,

> das Seidel immer frisch füllend.)
> Dir Gleichung, ha, von der mir graut,
> Die ich der Tafel anvertraut –
> Da steht sie! Ja, wenn ich nur wüßt',
> Was damit anzufangen ist.

Prost beginnt nun wild zu rechnen und formt endlich die Gleichung um. Er bekommt somit eine neue Funktion, deren Eigenschaften ihm unklar sind. Er nannte sie dennoch die Prost-Funktion:

> Wie anders winken jetzt die Zeichen mir!
> Schon fühl' ich mich der Lösung näher.
> Der Grad der Gleichung wird nicht höher.
> Schon glüh' ich wie vom echten Bier.

Als er einen manischen Versuch macht, diese Gleichung zu lösen, macht sich seine Trunkenheit stark bemerkbar:

> Ha! Ich stehe wie auf Kohlen!
> Die Substitution, und sollt' ich sie stehlen,
> Darf mir nicht fehlen!
> Und sollt' ich sie holen
> Aus der n-ten Dimension!
> Geist der Ordinaten und Abszissen,
> Du musst es wissen,
> Du musst mir raten!
> Geist des Unendlichkleinen,
> Du sollst mir erscheinen!
> Ich fühl' es tief,
> Du wirst mein Leiden kürzen –
> Du musst! Du musst!
> Und sollt' ich noch eins stürzen!
> (Er greift nach dem Seidel.)

Der Geist dx erscheint in einem Phantasiekostüm: Er trägt einen langen Talar mit mathematischen Zeichen, auf dem Kopfe eine kegelförmige Mütze mit mathematischen Figuren, auf der Brust ein großes dx, in der Hand ein Integralzeichen; seine Maske muss möglichst blödsinnig sein [Laßwitz 1924, 75–77].

Diese einleitenden Bemerkungen machen deutlich, dass dieses Stück tatsächlich zur Aufführung verfasst wurde, anders als bei Charles Dodgsons *Euclid and his Modern Rivals*, das zwar in der Form

eines Theaterstücks geschrieben war, aber sicherlich niemals auf eine
Bühne kam. Beide Werke sind humorvoll konzipiert, aber mit völlig
verschiedenen Absichten. Am Ende seiner *Faust*-Parodie tritt der Geist
dx erneut auf, um Mephistopheles wegzujagen und Prost zu retten. Beim
Erwachen mit einem sichtlichen Kater bemerkt Prost zehn leere Flaschen
und zieht die Lehre daraus:

> Ich fühl' es wohl,
> Nur im Verein
> Kann uns das Bier gesegnet sein,
> Dass man mit neugestärkter Kraft,
> Sich stürze in die Wissenschaft.
> Will nur ein kleines Frühschöpplein probieren –
> Dann geh' es frisch an's Integrieren!

Das war also die lustige Seite des Schriftstellers Laßwitz, aber seine
vielseitige Persönlichkeit lässt sich tatsächlich schwer in Kurzform
beschreiben. Sein ehemaliger Schüler am Ernestinum in Gotha, Hans
Dominik, behielt ihn noch Jahrzehnte nach seiner Schulzeit in lebendiger
Erinnerung. Er schrieb:

> Auch die Lehrer in Gotha waren zum guten Teil Typen
> und Originale. Der hervorstechendste war wohl unser
> Mathematiker Kurd Laßwitz, der in der breiteren Öffentlichkeit
> besonders durch seinen utopischen Roman *Auf zwei Planeten*
> bekannt geworden ist. Für die Zeitschrift „Zur guten Stunde"
> meines Vaters schrieb er geistreiche technische Märchen,
> außerdem aber war er Philosoph, ein Neu-Kantianer,
> und verfasste schwer gelehrte philosophische Werke.
> Sein Leben war von einer gewissen Tragik umwittert. Er
> wollte sich ursprünglich der Laufbahn als Hochschuldozent
> widmen, war aber in Preußen durch seine freisinnigen
> Anschauungen unmöglich geworden und nun in Gotha
> als Gymnasialprofessor gelandet. Seine Witze und Bonmots
> gingen von Mund zu Mund und könnten wohl einen stattlichen
> Band füllen. [Dominik 1943, 26]

Kurd Laßwitz war jedoch keineswegs nur ein Witzbold. Als
Naturwissenschaftler fühlte er sich von den Forschungsergebnissen
des Leipziger Mediziners Gustav Theodor Fechner stark angezogen
[Heidelberger 2004]. Es ging um die experimentelle Psychologie und
das Studium der Empfindungsschwellen, welches zum Fechnerschen

Reiz-Empfindungs-Gesetz führte. Laßwitz würdigte Fechners Leistungen als Begründer der Psychophysik in seiner Biographie [Laßwitz 1896]. Darüber hinaus teilte er dessen naturphilosophische Ansichten zumindest in einer Hinsicht: Beide vertraten eine atomistische Naturlehre, die sich aber gegen den herkömmlichen Materialismus richtete. Fechners Ansätze in der Psychophysik wurden auch weiterhin in Leipzig verfolgt und zwar von Wilhelm Wundt, der in seinen Studien zur experimentellen Psychologie daran anknüpfte. Im Gegensatz dazu stand Wundt den psychologischen Grundsätze des Göttinger Philosophs Johann Friedrich Herbart kritisch gegenüber, da er dessen Theorie als eher metaphysisch motiviert einstufte. Wundt kritisierte Herbarts Ideen als fragwürdig, weil Herbart sie nicht durch empirische Untersuchungen getestet hatte.

Fechner war auch als Schriftsteller bekannt und verfasste gern unter dem Pseudonym „Dr. Mises" wissenschaftliche Satiren. In seinem Essay von 1846 „Der Raum hat vier Dimensionen" zeigte er sich gegenüber dieser Vorstellung viel offener als Laßwitz, wobei er einen ähnlichen sarkastischen Humor wie letzterer an den Tag legte. Dort schrieb er, dass er nicht hoffen durfte, seine Auffassung „bei zwei Klassen von Personen durchzusetzen, bei denen, die nichts glauben als was sie sehen, und bei denen, die nichts sehen als was sie glauben" [Volkert 2018, 31]. Er meinte damit, die typischen Einstellungen der Naturforscher einerseits und die der Philosophen andererseits.

Als Kantianer wäre Laßwitz danach in die zweite Gruppe gefallen, allerdings war er auch Naturforscher und Mathematiker und zugleich ein starker Kritiker aller Vorstellungen von einem reell existierenden vierdimensionalen Raum. Spiritistischen Spekulationen, wie die von Zöllner (siehe das Essay von K. Volkert), wies er mit ganz heftiger Kritik zurück. Er wies i.Ü. darauf hin, dass auch Helmholtz nie von solch einer Raumvorstellung sprach, sondern nur von der Möglichkeit einer anderen als der euklidischen und zwar aufgrund einer Wahrnehmung anderen Maßverhältnisse [Laßwitz 1883, 155]. Er war geradezu entsetzt darüber, dass man sich nun auf den Namen Kants berufen, um Argumente für einen wahrnehmbaren Raum mit mehr als drei Dimensionen zu formulieren. Kants kritische Philosophie ging davon aus, dass unsere Raumanschauung subjektiv bestimmt ist. Sie bildet gewissermaßen eine Schranke für den menschlichen Verstand. Diese Ansicht passte zu Kants allgemeinem Programm, denn er wollte die Grenzen aufzeigen, innerhalb deren eine wahrhaft wissenschaftliche Metaphysik bestehen konnte. Laßwitz beschrieb die Art und Weise, wie diese Kantische Lehre benutzt wurde, um neue Spekulationen über einen höheren Raum glaubwürdig machen zu wollen.

> Wenn wir auch die vierte Dimension wahrnehmen könnten, so würden wir sehr vieles, was uns jetzt Geheimnis bleibt, aufgedeckt erschauen. Wir könnten daher nicht nur zu physikalischen Erklärungen uns der vierten Dimension mit Vorteil bedienen, sondern wir würden dann überhaupt die unterschiedlichsten Aufschlüsse aus einer geheimnisvollen jenseitigen Welt erhalten. Dieser Ansicht hat sich denn sofort der Mystizismus bemächtigt – oder richtiger, er hat sie selbst aufgebracht – und daraus das Walten der Klopfgeister und die spiritistischen Spiegelfechtereien erklärt, auch den Seelen der Verstorbenen ihren Wohnort in der vierten Dimension angewiesen.

> Es ist diese Art von Spekulation eine der traurigsten Verirrungen, zu welcher der große Name Kants gemißbraucht worden ist, und man möchte wirklich bedauern, dass der alte Kant nicht in der vierten Dimension herumwandelt, um mit seinem klaren Worte gründlich den Spekulanten heimzuleuchten. Hatte doch gerade er es sich zur Lebensaufgabe gemacht, die Grenzen abzustecken, innerhalb deren der menschliche Verstand sich bewegen darf, und nun benutzte man sein eigenes Werk, um die Vernunft ihren Kopfsprung machen zu lassen und die willkürlichen Phantasien als Wissenschaft auszugeben. [Laßwitz 1883, 162–163]

Laßwitz war von der antiken Tradition des Atomismus – vertreten durch Leukipp, Demokrit, Epikur und Lukrez – immer fasziniert. Das mag wohl z.T. daran gelegen haben, dass das berühmte *De rerum natura* von Lukrez in der Form eines Lehrgedichts verfasst war; das wahrscheinlich unvollendete Werk besteht aus sechs Büchern mit knapp über 7400 Versen. Am Anfang beschreibt Lukrez die Grundideen der epikureischen Naturphilosophie: wie die Welt aus beweglichen Atomen besteht, über die unendliche Vielzahl von Welten und ihre Vergänglichkeit, usw. Dieses Weltbild war über das ganze Mittelalter hinweg fast vergessen und tauchte erst wieder in der Renaissancezeit auf. Im 18. Jahrhundert wurde *De rerum natura* von vielen führenden Naturphilosophen gelesen und in ihren Werken zitiert, vor allem von de la Mettrie, Helvetius und Diderot, die einen materialistischen Standpunkt vertraten. Als Wissenschaftshistoriker bzw. -theoretiker ging Laßwitz auf dieses Thema in seinem Hauptwerk *Die Geschichte der Atomistik vom Mittelalter bis Newton* [Laßwitz 1890] ein.

Dieses Werk entstand allerdings nicht allein aus historischem Interesse, denn Laßwitz' Beschäftigung mit dem Thema wurde von den Auseinandersetzungen zwischen Materialisten und Idealisten beeinflusst, die eine große Rolle im politischen Diskurs der damaligen Zeit spielten. In ihrem Mittelpunkt stand nochmals die Relevanz der neuesten naturwissenschaftlichen Theorien und Erkenntnisse für die christliche Religion. Der Physiologe Carl Vogt vertrat den naturwissenschaftlichen Materialismus. Er studierte zunächst bei Justus Liebig in Gießen, wanderte dann in die Schweiz aus, wo er unter der Leitung von Louis Agassiz forschte. 1847 wurde er auf Empfehlung von Liebig und Alexander von Humboldts auf den neu eingerichteten Lehrstuhl für Zoologie in Gießen berufen. In den Jahren danach wurde er zunehmend als entschiedener Linker politisch aktiv, auch als Abgeordneter für Gießen in der Frankfurter Nationalversammlung. Wegen seiner Unterstützung der Badischen Revolution und des Pfälzischen Aufstands verlor er seine Professur und musste erneut nach Bern auswandern.

Vogts Buch *Physiologische Briefe für Gebildete aller Stände* aus dem Jahre 1847 löste den sogenannten Materialismusstreit aus. Vogt ging davon aus, dass die Naturforschung in der Lage wäre, alle psychische Prozesse auf Funktionen der Gehirnsubstanz zurückzuführen; diese schaffe Gedanken etwa so wie die Niere Urin produziere. Die Existenz einer unsterblichen Seele, die irgendwie unabhängig von den physischen Vorgängen des Gehirns sein sollte, nannte er reinen Unsinn. Diese Haltung forderte den Göttinger Physiologe Rudolf Wagner heraus, die Tradition des Christentums als geistige Grundlage für die Naturwissenschaften in Schutz zu nehmen. Der Höhepunkt des Konflikts kam 1854 auf der 31. Versammlung der Gesellschaft deutscher Naturforscher und Ärzte in Göttingen, bei welcher Gelegenheit Wagner die christliche Schöpfungsgeschichte verteidigte und gleichzeitig Vogt persönlich scharf angriff. Dies führte schnell zu einer populärwissenschaftlichen Debatte, welche nach dem Erscheinen von Charles Darwins *Entstehung der Arten* (1859) in breiten Kreisen kontrovers diskutiert wurde [Daum 2002, 295 f.].

Der Materialismusstreit wurde in den 1850 Jahren ausgetragen, d.h. lange vor der Zeit, in der Laßwitz hätte daran teilnehmen können. Aus diesem Konflikt entstand aber eine Reformbewegung in der Philosophie, zu der er gehörte, und zwar zum Neukantianismus. Als einer der Begründer dieser Bewegung galt Otto Liebmann, der Verfasser von *Kant und die Epigonen* (1865). Liebmann verteidigte die Philosophie Kants, indem er die Systeme seiner Nachfolger scharf kritisierte. Damit zog er eine scharfe Linie zwischen Idealismus im Sinne Kants und dem darauffolgenden deutschen Idealismus. Diese Rückkehr zu Kant war nicht nur neu, sie signalisierte auch eine Abkehr von der ganzen Tradition der spekulativen Philosophie. Kant hatte selbst früher versucht, den aufkommenden Naturwissenschaften in seinem System genügend Platz einzuräumen. Damit wollte er gleichzeitig die uferlosen metaphysischen Spekulationen seiner Zeitgenossen verwerfen, ein Unterfangen, das den Betroffenen keineswegs gefiel. Kants *Kritik der reinen Vernunft* stellte einen klaren Bruch in der kontinentalen Philosophie dar, indem Kant an Humes radikalen Skeptizismus explizit anschloss. Liebmanns Buch wirkte wie ein erneuter Versuch, der Kantische Philosophie eine Sonderstellung in der Geschichte zu sichern. Zuvor gab es eine starke Tendenz, das Erscheinen von Kants *Kritik der reinen Vernunft* als den Beginn einer glorreichen Epoche der deutschen Philosophie einzustufen, welche 1831 mit Hegels Tod endete. Diese fünfzig Jahre nannte man die Periode des klassischen deutschen Idealismus, dessen Vertreter, insbesondere Schelling, eine Richtung vertraten, die mit der aufkommenden deutschen Naturphilosophie harmonisierte.

Wichtiger noch als das Buch von Liebmann war für Laßwitz die umfassende Studie von Friedrich Albert Lange, *Geschichte des Materialismus und Kritik seiner Bedeutung in der Gegenwart*, welche zwischen 1873 und 1875 in einer erweiterten zweiten Auflage erschien. Lange war ein Linksliberaler, der sich gegen die radikalen Linken positionieren wollte. Sein Interesse an der Kantischen Richtung in der Philosophie war zum großen Teil durch seinen Wunsch eine philosophische Begründung für eine politische Richtung zu formulieren, welche Raum für einen revidierten Marxismus schaffen konnte, motiviert. Am Ende seiner Karriere wurde er nach Marburg berufen, wo er kurz danach starb. Zuvor schuf er noch die Voraussetzungen, die 1876 zur Berufung von Hermann Cohen als seinem Nachfolger führten. Die Marburger Schule des Neukantianismus unter der Leitung von Cohen und Paul Natorp wurde insofern politisch einflussreich, als sie dem Revisionismus Eduard Bernsteins wie auch dem Austromarxismus Max Adlers eine theoretische Grundlage anbot.

Zu diesem geistigen Kontext gehörte der preisgekrönte Aufsatz von Kurd Laßwitz, „Die Lehre Kants von der Idealität des Raumes und der Zeit", welche gleich danach als [Laßwitz 1883] gedruckt wurde. Der Anlass hierzu macht besonders deutlich, wie 25 Jahren nach dem alten Materialismusstreit dessen Widerhall stärker als je zu hören war. Im Dezember 1880 kam eine Meldung aus Wien, dass ein gewisser Julius

Gillis, der von „schönen Idealismus und reiner Humanität beseelt"
war, eine Preisbewerbung zur Popularisierung der Kantischen Lehre
von Raum und Zeit veranlasst hatte. Das Preisgeld wurde mit tausend
österreichischen Gulden festgesetzt, welche heute eine Kaufkraft von etwa
13.000 Euro haben würden. Zur weiteren Motivation finden wir diese
Erklärung zum Anfang des Ausschreibungstextes:

> Jeder, dem er bereits zur Überzeugung geworden, dass es für
> die gegenwärtige europäische Menschheit keine wichtigere
> geistige Aufgabe geben kann als die: dem immer mehr in
> allen Schichten ausbreiteten Materialismus gegenüber die
> idealistische Richtung Kants zur Geltung zu bringen, sie durch
> Mitteilung zu einem Einflusse, einer Macht in der Wirklichkeit
> zu gestalten. ... [Laßwitz 1883, 3–4]

Es ist nicht ohne Interesse, dass unter den drei Preisrichtern, welche
die eingereichten Arbeiten beurteilten, keiner als bekennender Kantianer
zu bezeichnen wäre. Zwei der Preisrichter bekleideten Lehrstühle
an der Universität Leipzig: der Psychologe Wilhelm Wundt und
Max Heinze, ein Experte für die antike griechische Philosophie. Der
dritte war der ausgesprochene Positivist Ernst Laas, der seit Ende des
Deutsch-Französischen Krieges einen Lehrstuhl an der neu gegründeten
Kaiser-Wilhelm-Universität zu Straßburg innehatte. Der Neukantianer
Wilhelm Windelband betrachtete ihn als einen radikalen Empiriker. Laut
Ausschreibung sollten die Bewerber drei Aufgaben erfüllen. Erstens war
zu zeigen, an welchen Punkten die materialistische Weltanschauung nicht
tauglich sei. Zweitens sollten klare Beweise für die Kantischen Lehre über
die Idealität von Raum und Zeit erbracht werden. Drittens sollten die
Fortschritte in Bezug auf das Denken und die Sittlichkeit aufgrund der
Kantischen Philosophie klar beschrieben werden.

Für uns steht die zweite Aufgabe im Zentrum unseres Interesses,
sodass wir uns hauptsächlich auf diese konzentrieren wollen. Die
Argumente von Laßwitz zu den anderen beiden Aufgaben verdienen
aber doch einige Bemerkungen. Sein Text besteht aus zwölf Abschnitten,
die er in sechzig kleinere Teile gliedert. Der erste Abschnitt bringt seine
Widerlegung des Materialismus. Dort beginnt er mit einigen Bemerkungen
über die historischen Wurzeln des Materialismus in der Antike,
insbesondere den Atomismus des Demokrit. Zur weiteren historischen
Entwicklung verweist er auf Langes *Geschichte des Materialismus*, bevor
er sich der Aufgabe zuwendet, die Schwächen dieser Weltanschauung
näher zu beschreiben. Sie gäbe zum Beispiel keine Erklärung für lebende

Wesen oder für das Bewusstsein, denn denkende Materie ist eine Sinnlosigkeit. Auch im Bereich der menschlichen Ideale würde man nie mittels Materialismus weiterkommen können.

Danach geht Laßwitz in seinem zweiten Abschnitt, „Die Welt als Inhalt des Bewusstseins", zu den allgemeinen Grundsätzen der Kantischen Philosophie über. Er bringt leicht fassliche Beispiele, um den Einstieg in diese Lehre zu erleichtern, wie z.B. die Frage: Wenn für alle Menschen in der Welt alles rot aussehen würde, könnten wir dann behaupten, dass diese Eigenschaft der „Wirklichkeit" zugehört? Oder könnte es sein, dass die Menschen alle Brillen tragen, die nur rotes Licht durchlässt. Diese Art von Überlegung führt ihn zu einer nochmaligen Behandlung des Materialismus.

> Das Ergebnis der physiologischen Forschung, dass unsere Erfahrung von der Welt nur von unseren Sinnen abhängt und durch dieselben der Form nach bestimmt wird, nimmt der Materialismus sogar mit Freuden auf. Jetzt zeigt sich ja, dass diese ganze bunte Sinnenwelt [...] ein trügerischer Schein ist, dass Farben, Töne, Wohlgeschmack sind gar nicht den Dingen, sondern nur den Empfindungen der Menschen zukommen. Dasselbe aber haben schon die Atomisten des Altertums gelehrt, und die moderne Naturwissenschaft bestätigt mithin die materialistische Lehre. Gerade jetzt wird es klar, dass dieser bunten Sinnenwelt eine objektive Wirklichkeit zugrunde liegen muss, etwas Einfaches, nicht wieder Farbiges, Tönendes, Schmeckbares. Dieses Einfache, dem die Naturwissenschaft durch Maß und Gewicht sich nähert, ist eben das, was keine anderen Eigenschaften hat, als messbar, wägbar, zählbar zu sein. Es ist der Raum und die Zeit mit dem darin befindlichen Stoff und seine Kräfte, es sind die bewegten Atome. Diese sind die Wirklichkeit, und durch unsere Sinne erzeugen sie die Mannigfaltigkeit der Körperwelt. [Laßwitz 1883, 41]

Nun aber dreht Laßwitz den Spieß um, indem er fragt: „Wie kommen wir denn dazu, etwas zu messen oder zu wägen? Durch welche Fähigkeit führen wir den Vergleich der Maßstäbe und Gewichte aus? Wodurch orientieren wir uns im Raume und wonach schätzen wir die Zeit?" [Laßwitz 1883, 42] Natürlich wieder durch Sinneswahrnehmungen, womit er zum Hauptthema überleiten kann: Bewusstseinsinhalt ist Wirklichkeit. Es gibt keine Welt, auch kein Raum und keine Zeit, ohne uns. Im neunten

Abschnitt kommt er auf diese Thematik zurück und schreibt folgendes dazu:

> Objekt und Subjekt sind untrennbar, und aus dieser notwendigen Zusammengehörigkeit ergibt sich die Möglichkeit der Welterklärung. Man hatte die Welt der äußern Dinge vom bewussten Ich gewaltsam getrennt und Sinne und Denken voneinander gerissen; da konnte man sie freilich nicht mehr vereinigen. Wir haben erkannt, dass die Vereinigung gar nicht erforderlich ist, weil die Trennung selbst eine unberechtigte war; wir haben eingesehen, dass wir die Verbindung von Sein und Denken allerdings nicht erklären können, weil es nämlich dabei nichts zu erklären gibt, wenn man nur sich gegenwärtig hält, dass diese Verbindung die Voraussetzung aller Erklärung ist. Sein und Denken, Objekt und Subjekt sind die beiden sich gegenseitig erfordernden Zweige unserer Erkenntnistätigkeit, die durch das Zusammenwirken der Sinnlichkeit und des Verstandes in der Einheit der Apperception uns gegeben sind; sie sind die zusammengehörige Formen der Vorstellung, in denen der Weltprozeß selbst seinen Bestand hat. [Laßwitz 1883, 178]

Laßwitz behandelt die dritte Aufgabe in den Abschnitten neun bis zwölf. Im neunten („Naturgesetz und Naturerkenntnis") macht er darauf aufmerksam, dass seine Zusammenfassung von Kants physikalischen Ideen in einigen Aspekten abweicht. Dies betrifft interessanterweise die Atomistik, welche bei Kant keine Rolle spielte. Laßwitz, der offenbar über die neuen von Ludwig Boltzmann eingeschlagenen atomistischen Ansätze gut informiert war, hebt nichtdestotrotz hervor, dass dieser neue Atomismus völlig im Einklang mit Kantischen Prinzipien stehe.

> Wir haben demnach als Grundlage der gesamten Bewegungen der Körperwelt die Bewegung von Atomen gefunden, deren Bewegungen durch gegenseitigen Stoß nach einfachen Gesetzen sich fortpflanzen und erhalten. Indem man unter diesen Atomen Gruppen sehr verschiedener Größen unterscheidet, wie die Körperatome (Atome der Materie) und die Aetheratome (Atome des Weltaethers), gewinnt die mathematische Physik ein weites Feld für ihre Hypothesen, um darauf die Erklärungen für die Vorgänge in der Körperwelt aufzubauen. ... Die kritische Erkenntnistheorie hebt also nicht

nur die Atomistik nicht auf, sondern sie giebt ihr im Gegenteil erst ihre volle Begründung. [Laßwitz 1883, 186–187]

Laßwitz sah also vonseiten der Physik keine Gefahr für die Grundsätze der Kantischen Philosophie. Die Sachlage in Bezug auf seine Raumlehre lag jedoch angesichts der neuen Geometrien ganz anders, weswegen er sich dieser Thematik eine längere Betrachtung widmen musste. Er stellte seine Aufgabe folgendermaßen hin:

> [Die geometrische] Grundsätze werden nun zwar von niemand in Zweifel gezogen, aber wenn man nachweisen könnte, dass sie die Notwendigkeit ihrer Geltung nicht in sich tragen, dass vielleicht mit gleichem Rechte auch andere Axiome gelten könnten, dann würde eine Unsicherheit über die Eigentümlichkeiten des Raumes entstehen. Und wenn erst nachgewiesen wäre, dass wir der Grundeigenschaften des Raumes nicht vollständig gewiss sind, dann scheint es doch, dass dieselben auch nicht Bedingung unserer Erfahrung sein können. Demnach muss Kant gegen die vonseiten der Mathematik drohende Einwürfe verteidigt werden. [Laßwitz 1883, 142]

Die gemeinte Verteidigung lief daraus hinaus, dass Laßwitz die Sonderstellung der euklidischen Raumgeometrie gegenüber der nichteuklidischen zeigen wollte. Er ging vom Lehrsatz aus, welcher besagt, dass die Winkelsumme eines Dreiecks zwei Rechte beträgt. Dies lässt sich natürlich mittels des Parallelenpostulats beweisen, nicht aber ohne diese Annahme. Laßwitz wies direkt darauf hin, dass, wenn man dieses Postulat fallen lässt, andere nichteuklidische Geometrien hergeleitet werden können, in denen die Winkelsumme in Dreiecken jeweils immer größer bzw. immer kleiner als zwei Rechte sein wird. Die Griechen kannten schon die sphärische Geometrie, die ja seit der Antike eine wichtige Rolle in der Astronomie spielte. Dass die Winkelsumme von Dreiecken auf einer Kugeloberfläche stets größer als zwei Rechte beträgt, hatte natürlich mit dem Sachverhalt in einer Ebene nichts zu tun. Wie Laßwitz schreibt, hat dies

> …gar keine Schwierigkeit für unsere Anschauung, weil wir ja diese Flächen, z. B. die Kugelfläche, immer innerhalb unseres Raums, als Raumgebilde in dem Raum von drei Dimensionen anschauen. Aber wenn wir von den Flächen zu Körpern …übergehen, wie stellt es sich dann? Sollte es nicht möglich

sein, einen Raum von vier Dimensionen zu ersinnen, der sich
zu unserem dreidimensionalen Raume so verhält, wie dieser
zu den zwei Dimensionen der Ebene? [Laßwitz 1883, 143]

Bevor er sich dieser Frage direkt zuwendet, geht Laßwitz kurz
auf die Raumkrümmung ein, insbesondere auf die Grundideen der
Mannigfaltigkeitslehre Riemanns. Ein Raum mit einer sehr kleinen
positiven Krümmung sei durchaus denkbar, womit wir dann in
einem unbegrenzten aber immerhin endlichen Universum leben
würden. Nur gäbe es keine Möglichkeit, diese Vermutung zu prüfen.
Ansonsten lehrt uns die Theorie Riemanns nur, dass der euklidische
Raum als ein Spezialfall betrachtet werden kann, und zwar als eine
dreidimensionalen Riemannschen Mannigfaltigkeit mit Krümmung Null.
Diese mathematischen Möglichkeiten haben jedoch, nach Laßwitz, keine
Relevanz für den Kantischen Raumbegriff, denn sie zeigen keineswegs,
dass unsere Raumanschauung empirischen Ursprungs sei. Er meint
vielmehr, dass unsere Raumanschauung als eine Eigenart unseres
Bewusstseins entsteht. „Die Synthesis unserer Erkenntnisthätigkeit,
vermittelt durch die Natur unserer Sinnlichkeit, ist die Quelle der
Raumanschauung; ... sie ist die Bedingung der Erfahrung" [Laßwitz 1883,
149].

In der Diskussion dieser zweiten Aufgabe lässt Laßwitz den Physiker
Hermann von Helmholtz als Hauptgegner der Kantischen Raumlehre
auftreten. Während Kant behauptet, „die Eigentümlichkeiten unseres
dreidimensionalen Raumes seien die einzig möglichen", leugnete
Helmholtz genau diese Auffassung. So wie Menschen fähig sind,
verschiedene Sprachen zu sprechen, so meinte er, dass sie auch
voneinander abweichenden Raumanschauungen besitzen könnten.
„Die allgemeine Anlage zur Raumvorstellung mag angeboren sein, aber
die besonderen Gesetze derselben entstehen erst durch die Erfahrung"
[Laßwitz 1883, 150]. Laßwitz versuchte nun zu prüfen, inwieweit dieser
Standpunkt durch die neuesten Entdeckungen in der Mathematik – d.h.
vor allem durch die nichteuklidischen Geometrien und durch die Theorie
der n-dimensionalen Mannigfaltigkeiten – gestützt würde.

Aufgrund dieser Erkenntnisse behaupteten die Anhänger der neuen
Geometrie, den allgemeinen Begriff des Raumes entdeckt zu haben.
Dagegen trat der Wissenschaftstheoretiker Laßwitz auf. Er wies darauf
hin, dass zum Begriff Raum die Eigenschaft gehöre, dass es nur einen
gäbe. Im übrigen ging es ihm nicht um einen Begriff, sondern um
eine Vorstellung. Dies wird deutlich, wenn er schreibt, dass zwar
der euklidische Raum als Begriff nur ein spezieller Fall sei, aber eine

dreidimensionale Mannigfaltigkeit von Krümmung Null „enthält . . . unsere Raumanschauung nicht als Spezialfall, da er selbst keinerlei Anschaulichkeit darbietet, das Wesen der Raumanschauung jedoch gerade darin besteht, dass der Raum angeschaut und nicht bloß gedacht wird" [Laßwitz 1883, 154].

Laßwitz stellte sich auch gegen die Überlegungen von Helmholtz über die Wahrnehmungen zweidimensionaler Kugelbewohner. Diese würden, so meinte Helmholtz, wegen der Eigenschaften ihres Wohnorts quasi gezwungen, die Sätze der sphärischen Geometrie als geltend anzuerkennen. Dies bestreitet Laßwitz, der verschiedene Argumente vorbringt, um diese Analogie zu entkräften. Am Ende versucht er, alle derartigen Ideen vom Tisch zu wischen, indem er behauptet, es sei „für uns überhaupt nicht möglich, uns in die Vorstellungen zweidimensionaler Wesen zu versetzen" [Laßwitz 1883, 157]. Man kann diese ganzen Ausführungen durchaus als einen wissenschaftlichen Versuch sehen, die These zu begründen, welche der Dichter von „Unserem guten Raum" in lustigen Versen formuliert hatte. Als Fazit, kann man vielleicht diese Passage zitieren:

> Wir haben gesehen, dass die mathematischen Untersuchungen über die Mannigfaltigkeiten von n Dimensionen und ihre Maßverhältnisse gar nichts über die erkenntnistheoretische Frage entscheiden können, ob die Eigentümlichkeiten unserer Raumanschauung empirischen Ursprungs sind, oder a priori. Will man eine philosophische Folgerung aus ihnen ziehen, so kann sie höchstens zum Vorteile der Kantischen Theorie ausfallen. Denn in allen Bemühungen, den Begriff des Raumes zu zergliedern, hat es sich gezeigt, dass wir uns allerdings allerlei verschiedene Mannigfaltigkeiten denken können, dass wir aber in dem, was wir Raum nennen, doch noch etwas anderes, nicht durch bloße Größenbeziehungen Definierbares steckt, etwas, das erst überhaupt die Möglichkeit liefert, jene Untersuchungen über Mannigfaltigkeiten verschiedener Ordnung anzustellen. [Laßwitz 1883, 160–161]

Heute kennt man Kurd Laßwitz fast ausschließlich als einen Pionier der deutschsprachigen Science-Fiction aufgrund seines Romans *Auf zwei Planeten* aus dem Jahr 1897. Die Leitidee des Buches, nämlich die Begegnung von Menschen mit außerirdischen Vertretern einer höheren Kultur, gewann erst ab dieser Zeit an Popularität. Das Buch erzählt von einer Expedition zum Nordpol, die zu der Entdeckung führte, dass diese Region der Erde schon von Marsmenschen besiedelt war.

Die Vorstellung von intelligentem Leben auf dem Mars bekam 1877 einen ersten Impuls durch eine astronomische Entdeckung. In diesem Jahr veröffentlichte Giovanni Schiaparelli eine Karte der Oberfläche des Planeten, welche die sogenannten Marskanäle darstellte. Er hat diese bisher nie gesehenen Strukturen detailliert gezeichnet, merkwürdige „canali", die vermeintlich bis zu 200 Kilometer breit und manchmal bis zu 4000 Kilometer lang waren. Schiaparelli dachte, sie seien natürlich entstandene Rinnen und Senken. Schiaparellis Bezeichnung „canali" wurde ins Englische als „canals" statt als „channels" übertragen. Damit konnte man leicht denken, es handele sich um Kanäle ähnlich dem gerade gebauten Suezkanal, also um eine von einer außerirdischen Zivilisation angelegte Struktur. In den Jahren nach Schiaparellis „Entdeckung" stellten die Fachastronomen fest, dass es schwierig war, seine angeblichen Beobachtungen zu bestätigen. Somit kamen Zweifel an der Existenz der Marskanäle auf. Erst im Jahre 1965 machten die Aufnahmen von Mariner 4 klar, dass die Oberfläche von Mars kein Kanalsystem besitzt: die Marskanäle kamen entweder durch optische Täuschungen oder als Fehlinterpretationen zustande.

Eigentlich spielte dieses Thema keine Rolle im Roman von Laßwitz, dessen Hauptinteresse den Menschen auf der Erde und nicht den Bewohnern auf dem Mars galt. Er wollte vor allem ein optimistisches Bild der Zukunft zeichnen, in dem die Begegnung mit einer höheren Kultur die Menschheit von ihren Wurzeln in der Tierwelt befreien könnte. Man braucht nicht Literaturkritiker zu sein, um dieses Motiv zu erkennen, denn der Ausgang dieser zunächst konfliktbeladenen Begegnung mündet in eine Utopie. Das Buch [Laßwitz 1897] wurde mehrmals neu aufgelegt, auch bald nach der Mondlandung 1969. Das gab Wernher von Braun Gelegenheit in seinem Geleitwort zu schreiben: „Ich werde nie vergessen, mit welcher Neugierde und Spannung ich in meiner Jugend diesen Roman verschlang". Über Brauns eigene Motive, seinen damals berühmten Namen in Verbindung mit diesem Buch zu bringen, wollen wir nicht spekulieren. Von Missbrauch soll hier auch nicht die Rede sein. Um auf Laßwitz selbst zurückzukommen, könnten wir uns wohl vorstellen, wie unglücklich dieses Vorwort ihn gemacht hätte, sollte er beim Herumwandeln in der vierten Dimension davon gehört haben.

Literatur

[Barrow-Green 2021] Barrow-Green, June, "Knowledge gained by experience": Olaus Henrici – engineer, geometer and maker of mathematical models, *Historia Mathematica* 54, S. 71-76.

[Beuermann 1992] Beuermann, Gustav, Physikprofessor – Lichtenbergs Beruf, in (Lichtenberg 1992, S. 346–364).

[Brüdermann 1992] Brüdermann, Stefan, Zur inneren Verfassung der Göttinger Universität im 18. Jahrhundert, in (Lichtenberg 1992, S. 117–131).

[Cajori 1910] Cajori, Florian, Attempts Made During the Eighteenth and Nineteenth Centuries to Reform the Teaching of Geometry, *The American Mathematical Monthly* 17(10) (1910), S. 181-201.

[Cantor/Minor 1882] Cantor, Moritz; Minor, Jacob, Abraham Gotthelf Kästner, in: *Allgemeine Deutsche Biographie* 15 (1882), S. 439-451, unter Kaestner [Online-Version].

[Cotes 1713] Cotes, Roger, Preface to the Second Edition of 1713, in (Newton 1934, S. xx-xxxiii).

[Cramer/Patzig 1994] Cramer, Konrad und Günther Patzig, Die Philosophie in Göttingen, 1734-1987, in (Schlotter 1994, S. 86-91).

[Daum 2002] Daum, Andreas W., *Wissenschaftspopularisierung im 19. Jahrhundert. Bürgerliche Kultur, naturwissenschaftliche Bildung und die deutsche öffentlichkeit 1848–1914.* Oldenbourg, München, 2002.

[De Risi 2016] De Risi, Vincenzo, The development of Euclidean axiomatics. The systems of principles and the foundations of mathematics in editions of the Elements in the Early Modern Age, *Archive for History of Exact Sciences* 70(2016), S. 591–676.

[Dodgson 1879/1885] Dodgson, Charles L., *Euclid and His Modern Rivals*, 2nd ed. London: Macmillan, 1885. Reprinted by Dover in 1973 and 2004.

[Dodgson 1882] Dodgson, Charles L., ed., *Euclid. Books I, II*. London: Macmillan, 1882.

[Dodgson 1890] Dodgson, Charles L., *Curiosa Mathematica. Part I: A New Theory of Parallels*, 3rd ed. London: Macmillan, 1890.

[Dodgson 1977] Dodgson, Charles L., *Lewis Carroll's Symbolic Logic*, W.W. Bartley, ed., Hassocks Sussex: Hervester, 1977.

[Dominik 1943] Dominik, Hans, *Vom Schraubstock zum Schreibtisch – Lebenserinnerungen*. Berlin: Scherl, 1943.

[Elsner/Rupke 2009] Elsner, Norbert und Nicolaas A. Rupke, Hrsg., *Albrecht von Haller im Göttingen der Aufklärung*, Göttingen: Wallstein, 2009.

[Fetscher 2010] Fetscher, Justus, „Vielleicht": Über eine Minimalfigur kosmologischer Imagination zwischen Milton und Kant, *MLN* 125(3)(2010), S. 511–535.

[Friedman 1992] Friedman, Michael, *Kant and the Exact Sciences*. Cambridge, MA: Harvard University Press, 1992.

[Gardner 1969] Gardner, Martin, *The Ambidextrous Universe*. New York: Mentor Books, 1969.

[Gauß 1831] Gauß, Carl Friedrich, Selbst-Anzeigen der Theoria Residuorum biquadraticorum, Commentatio secunda (1831), in: *Werke*, Band 2, 1863, S. 169–180.

[Heath 1908] Heath, Thomas Little, ed., *The Thirteen Books of Euclid's Elements*, 3 vols., Cambridge: Cambridge University Press, 1908.

[Heidelberger 2004] Heidelberger, Michael, *Nature from Within: Gustav Theodor Fechner and His Psychophysical Worldview*. Pittsburgh: University of Pittsburgh Press, 2004.

[Hoffmann 1992] Hoffmann, Julia, Lichtenbergs Reisen nach England, in (Lichtenberg 1992, 211-227).

[Hollmann 1787] Hollmann, Samuel Christian, *Die Georg-Augustus-Universität zu Göttingen, in der Wiege, in Ihrer blühenden Jugend, und reiferem Alter*, Johann Beckmann, Hrsg., Göttingen: Vandenhoeck & Ruprecht, 1787.

[Joost 1992] Joost, Ulrich, Sudelbücher?, in (Lichtenberg 1992, S. 19–48).

[Joost 2017] Joost, Ulrich, Einleitung zu Band 2 von Georg Christoph Lichtenberg: Ergebnisse der Lichtenbergforschungsstelle der Akademie der Wissenschaften zu Göttingen, in (Krayer 2017), http://www.lichtenberg.uni-goettingen.de/baende/index/10

[Kant 1768] Kant, Immanuel, Von dem ersten Grunde des Unterschiedes der Gegenden im Raum, 1768, https://www.projekt-gutengberg.org/kant/1grund/1grund.html

[Kant 1783] Kant, Immanuel, *Prolegomena zu einer jeden künftigen Metaphysik die als Wissenschaft wird auftreten können*. Riga: Hartknoch, 1783. https://www.projekt-gutenberg.org/kant/prolegom/prolegom.html

[Kant 1784] Kant, Immanuel, Beantwortung der Frage: Was ist Aufklärung? in: *Berlinische Monatsschrift*, Dezember-Heft 1784, S. 481-494.

[Kant 1786] Kant, Immanuel, *Metaphysische Anfangsgründe der Naturwissenschaft*. Riga: Hartknoch, 1786.

[Kant 1956-64] Kant, Immanuel, *Immanuel Kant – Werke in sechs Bänden*, Weischedel, Wilhelm, Hrsg., Darmstadt: Wissenschaftliche Buchgesellschaft, 1956-1964.

[Kästner 1744] Kästner, Abraham Gotthelf, Philosophisches Gedicht von den Kometen (1744), in: *Gesammelte Poetische und Prosaische Schönwissenschaftliche Werke*, Bd. 2., Berlin 1841, S. 69–76.

[Klein 1925] Klein, Felix, *Elementarmathematik vom höheren Standpunkte aus, Teil II, Geometrie*. Berlin: Springer, 1925.

[Krayer 2017] Krayer, Albert, et al., Hrsg., *Georg Christoph Lichtenberg: Ergebnisse der Lichtenbergforschungsstelle der Akademie der Wissenschaften zu Göttingen*, 7 Bde., Göttingen: Wallstein Verlag, 2017, http://www.lichtenberg.uni-goettingen.de.

[Kröger 2014] Kröger, Desirée, Ein Mathematiker, der nicht rechnen kann? Die Karikatur von Carl Friedrich Gauß über Abraham Gotthelf Kästner, *Mathematische Semesterberichte* 61(2014), S. 35–51.

[Lachterman 1989] Lachterman, David Rapport, *The Ethics of Geometry. A Geneology of Modernity.* New York: Routledge, 1989.

[Laßwitz 1883] Laßwitz, Kurd, *Die Lehre Kants von der Idealität des Raumes und der Zeit im Zusammenhange mit seiner Kritik des Erkennens allgemeinverständlich dargestellt.* Berlin: Weidmannsche Buchhandung, 1883.

[Laßwitz 1890] Laßwitz, Kurd, *Geschichte der Atomistik vom Mittelalter bis Newton, Band 1: Die Erneuerung der Korpuskulartheorie, Band 2: Höhepunkt und Verfall der Korpuskulartheorie des siebzehnten Jahrhunderts.* Hamburg u. Leipzig: Voss, 1890.

[Laßwitz 1896] Laßwitz, Kurd, *Gustav Theodor Fechner.* Stuttgart: Frommanns, 1896.

[Laßwitz 1897] Laßwitz, Kurd, *Auf zwei Planeten, Roman.* Weimar: Felber, 1897; Neuausgabe mit Geleitwort von Wernher von Braun, Frankfurt: Scheffler, 1969.

[Laßwitz 1924] Laßwitz, Kurd, *Die Welt und der Mathematikus, Ausgewählte Dichtungen von Kurd Laßwitz.* Walther Lietzmann, Hrsg., Leipzig: Elischer, 1924.

[Leibniz 1991] Leibniz, Gottfried Wilhelm, *Der Leibniz-Clarke-Briefwechsel.* Volkmar Schüller, Übers., Berlin, 1991.

[Lichtenberg 1992] Lichtenberg, Georg Christoph, *Georg Christoph Lichtenberg 1742–1799. Wagnis der Aufklärung, Katalog zur Ausstellung Mathildenhöhe Darmstadt und Universitätsbibliothek Göttingen.* München: Carl Hanser Verlag, 1992.

[Lyre 2005] Lyre, Holger, Metaphysik im „Handumdrehen": Kant und Earman, Parität und Raumauffassung, *Philosophia Naturalis* 42:1 (2005), S. 49–76.

[Lyre 2006] Lyre, Holger, Kants „Metaphysische Anfangsgründe der Naturwissenschaft", *Deutsche Zeitschrift für Philosophie* 54 (3/2006), S. 1–16.

[Mahlmann-Bauer 2019] Mahlmann-Bauer, Barbara, William Whiston, Newtonianer und Antitrinitarier, und seine deutschsprachige Rezeption. In Philipp Auchter, et al., Hrsg., *Des Sirius goldne Küsten – Astronomie und Weltraumfiktion*. Brill/Fink, 2019, S. 116–152.

[Moktefi 2011] Moktefi, Amirouche. 2011. Geometry: The Euclid Debate. In *Mathematics in Victorian Britain*, Raymond Flood, Adrian Rice and Robin Wilson, eds., Oxford: Oxford University Press, S. 320–336.

[Müller 1904] Müller, Conrad H., *Studien zur Geschichte der Mathematik, insbesondere des mathematischen Unterrichts an der Universität Göttingen.* Leipzig: Teubner, 1904.

[Newton 1713/1934] Newton, Isaac, *Sir Newton's Principles of Natural Philosophy and his System of the World*, Motte's Translation revised by Florian Cajori, Berkeley: University of California Press, 1934.

[Newton 1756] Newton, Isaac, *Four letters from Sir Isaac Newton to Doctor Bentley, containing some arguments in proof of a deity*. London: R. and J. Dodsley, 1756.

[Sartorius 1856/2012] Sartorius von Waltershausen, Wolfgang, *Gauß zum Gedächtnis*, Karin Reich, Hrsg., Leipzig: Edition am Gutenbergplatz, 2012.

[Schlotter 1994] Schlotter, Hans-Günther, Hrsg., *Die Geschichte der Verfassung und der Fachbereiche der Georg-August-Universität zu Göttingen*. Göttingen: Vandenhoeck und Ruprecht, 1994.

[Schmidt/Stäckel 1899] Schmidt, Franz und Paul Stäckel, Hrsg., *Briefwechsel zwischen Carl Friedrich Gauß und Wolfgang Bolyai*. Leipzig: Teubner, 1899.

[Scholz 2004] Scholz, Erhard, C.F. Gauß' Präzisionsmessungen terrestrischer Dreiecke und seine Überlegungen zur empirischen Fundierung der Geometrie in den 1820er Jahren. In *Form, Zahl, Ordnung: Studien zur Wissenschafts- und Technikgeschichte. Festschrift für Ivo Schneider zum 65. Geburtstag* (Boethius, Band 48), Rudolf Seising, et al., Hrsg., Stuttgart: Franz Steiner, 2004, S. 355–380.

[Schramm 1985] Schramm, Matthias, *Natur ohne Sinn? Das Ende des teleologischen Weltbildes*. Graz: Styria, 1985.

[van Cleve 1987] van Cleve, James, Right, Left, and the Fourth Dimension, *The Philosophical Review* 96(1) (1987), S. 33-68.

[Volkert 2013] Volkert, Klaus, *Das Undenkbare denken. Die Rezeption der nichteuklidischen Geometrie im deutschsprachigen Raum (1860–1900)*. Heidelberg: Springer Spektrum, 2013.

[Volkert 2018] Volkert, Klaus, *In höheren Räumen – Der Weg der Geometrie in die vierte Dimension*. Heidelberg: Springer Spektrum, 2018.

[Zeuthen 1896] Zeuthen, H. Georg, Die geometrische Construction als „Existenzbeweis" in der antiken Mathematik, *Mathematische Annalen* 47(1896), S. 222–228.

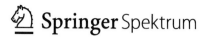 **Springer** Spektrum

Mathematik im Kontext

Mirjam Rabe *Hrsg.*

Edwin A. Abbotts
Flachland

Eine Ausgabe mit Anmerkungen
und Kommentar

 **Springer** Spektrum

Jetzt bestellen:

Printed in the United States
by Baker & Taylor Publisher Services